Hans-Peter Schmitz

BAUKOSTENTABELLE ZUR EXAKTEN KOSTENPLANUNG UND -KONTROLLE

Compact Verlag

© 2008 Compact Verlag München
Alle Rechte vorbehalten. Nachdruck, auch auszugsweise,
nur mit ausdrücklicher Genehmigung des Verlages gestattet.
Alle Angaben wurden sorgfältig recherchiert, eine Garantie
bzw. Haftung kann dennoch nicht übernommen werden.
Chefredaktion: Dr. Angela Sendlinger
Redaktion: Uta Lux
Produktion: Wolfram Friedrich
Symbole: MasterClips, IMSI USA, Novato, CA
Umschlaggestaltung: Studio 5, München

ISBN 978-3-8174-2067-4
2020675

Besuchen Sie uns im Internet: www.compactverlag.de

Inhaltsverzeichnis

INHALTSVERZEICHNIS

Einleitung

Die Finanzierung eines Bauvorhabens ist ein schwieriger »Drahtseilakt« zwischen den Kosten der Maßnahme, dem verfügbaren Eigenkapital, dem Zinsniveau für Baudarlehen und der finanziellen Belastbarkeit des Bauherrn. Die wichtigsten Voraussetzungen einer soliden Finanzierung sind genaue Vergleiche verschiedener Angebote sowie konsequente Kontrolle der Kosten und Ausgaben. Zu schnell lässt sich mancher Bauherr auf ein vermeintlich günstiges Finanzierungskonzept ein, ohne sich über seine eigenen Wohnwünsche und -bedürfnisse im Klaren zu sein und ohne mehrere Angebote einzuholen. Als Folge davon entstehen Sonderkosten, die die ursprünglich tragbare Finanzierung ins Wanken bringen.

Grundlage einer vernünftigen Baufinanzierung ist, neben der Bereitstellung eines angemessenen Eigenkapitals, die realistische und praxisnahe Kalkulation der Baukosten. Auch wenn Ihnen manches zu akribisch und gemessen an den oft nur kleinen Kostenbeträgen zu aufwendig erscheint, die praktische Erfahrung zeigt: Hüten Sie sich davor, die Komplexität des finanziellen Aufwands eines Bauvorhabens zu unterschätzen. Nur das schriftliche Festhalten aller Einzelinformationen ermöglicht eine ausführliche und nachprüfbare Kostenübersicht und ein besseres Verständnis der Zusammenhänge und Abläufe.

Ohne Eigenkapital geht es nicht

Dieser Ratgeber hilft Ihnen dabei, die Kostenkontrolle effektiv planen und durchführen zu können.

Die Basis Ihrer Kostenkalkulation stellen die sogenannten Bauzahlen dar. Diese werden anhand der Baupläne berechnet. Zusammen mit den Raumblättern, in denen die Ausstattung detailliert festgelegt wird, erhalten Sie dann ein »Mengengerüst« des Bauvorhabens, d. h. die ermittelten Werte beschreiben Ihre Baumaßnahme bezüglich Ausstattung und Umfang.

Wenn Sie die Bauzahlen mit den Baukostentabellen abgleichen, können Sie bereits einen genauen Kostenplan aufstellen, denn die Baukostentabelle basiert auf den marktüblichen Preisen in Handel und Handwerk und spiegelt zudem wichtige Erfahrungswerte beim Hausbau wider; zudem erleichtern Ihnen die Kopiervorlagen im Anhang des Buchs die Kostenkalkulation und -kontrolle wesentlich, und die Checklisten zu den einzelnen Gewerken weisen Sie auf besonders wichtige Punkte und mögliche »Fallstricke« hin. So können Sie mit einem vergleichsweise geringen Zeitaufwand einen genauen Überblick über die laufenden Baukosten erhalten und bei finanziellen Schwierigkeiten recht-

Beschäftigen Sie sich laufend mit Ihren Zahlen

zeitig gegensteuern. Werden diese Schritte, beginnend mit den ersten Planungsüberlegungen bis hin zur Fertigstellung des Objekts beständig praktiziert, wird es Ihnen sicher gelingen, die Baukostensumme einzuhalten und eine teure Nachfinanzierung zu vermeiden.

Selbstverständlich können Sie die Kosten Ihres Bauprojekts nicht bis ins allerkleinste Detail vorausberechnen – das ist selbst Profis nicht möglich. Wichtig ist, dass Ihr Kostenbewusstsein ausgebildet und geschärft wird und die Zusammenhänge der einzelnen kostenwirksamen Posten klar werden. So sind Sie in der Lage, Ihren Architekten, Ihre Lieferanten und Ihre Auftragnehmer gut informiert nach kostengünstigen Konzepten und Alternativen zu befragen. Fordern Sie Bauweisen, Baustoffe, Systeme und Komponenten, die für Sie und für Ihre Baumaßnahme bei geringsten Kosten den optimalen Nutzen bringen. Schon Ihr kompetentes Auftreten wird dazu führen, dass man Sie als Vertragspartner ernst nimmt.

Checkliste

ABLAUFSCHEMA

1. Ermitteln Sie auf der Basis des Architektenplans die sogenannten Bauzahlen. Die Bauzahlen stellen das unverzichtbare Mengengerüst Ihrer Neubaumaßnahme dar und sind damit die Ausgangsbasis für Ihre später erstellte Kostenplanung.

2. Legen Sie für alle Räume des neuen Hauses jeweils ein separates Raumblatt an. Hier werden die genauen Ausstattungsdetails und damit alle Randbedingungen für die Kosten des Innenausbaus festgelegt. Damit überblicken Sie jederzeit diesen großen Kostenblock.

3. Stellen Sie unter Verwendung von Bauzahlen und Raumbuch den Kostenplan zusammen (Kopiervorlagen finden Sie im Anhang des Buchs). Aus den Baukostentabellen in diesem Buch können Einheitspreise für die meisten Gewerke ausgewählt und direkt für Ihre Kalkulationen benutzt werden.

4. Erfassen Sie die später anfallenden Kosten (also die sogenannten Istkosten) systematisch und stellen Sie diese dem Kostenplan gegenüber. Die gewonnene Kostentransparenz hilft dabei, Verteuerungen schnell zu erkennen und Gegenmaßnahmen einzuleiten.

5. Führen Sie diese Schritte, beginnend mit den ersten Planungsüberlegungen bis hin zur Fertigstellung des Objekts, sorgfältig durch; dann haben Sie gute Chancen, die Baukostensumme einzuhalten und eine heutzutage fast als normal angesehene Nachfinanzierung zu vermeiden.

Notizen

1:100 Pläne bereitlegen

Die Familie einbinden

Regelmäßig und frühzeitig

BAUZAHLEN

Berechnung der Bauzahlen

Um die Kosten für einen Neubau einigermaßen präzise abschätzen zu können, ist es erforderlich, ein Mengengerüst aufzustellen. Jeder wird einsehen, dass die Kosten eines Hauses mit 200 m² Wohnfläche höher sein müssen als die eines Hauses mit 100 m² Wohnfläche. Da die Kosten des größeren Hauses aber nicht doppelt so hoch sind – beispielsweise verdoppeln sich ja die Nebenkosten und Grundstückskosten nicht mit der Wohnfläche – muss man die Sache schon etwas genauer angehen.

Um das Verfahren zu erleichtern, greifen Sie für die erste Kostenplanung auf die Baupreise der Baukostentabellen zurück, die zum Teil mit Kennzahlen, den sogenannten Bauzahlen, verknüpft sind. Da es nicht Aufgabe des Kostenplans ist, die Baukosten absolut exakt vorherzusagen, genügt dieses Vorgehen, um einen realistischen Kostenüberblick zu gewinnen. Dabei ermitteln Sie auch die Daten, die Sie als Grundlage für den Materialeinkauf benötigen. Das System Baukostentabellen/Bauzahlen ist für den privaten Bauherrn die effektivste Methode. Mit relativ geringem Aufwand können Sie einen ersten tragfähigen Kostenplan zusammenstellen. Im zweiten Schritt ist es auf jeden Fall empfehlenswert, diesen ersten Kostenplan mit den Preisen der mittlerweile vorliegenden Angebote zu präzisieren.

Im Folgenden werden die wichtigsten benötigten Bauzahlen kurz aufgelistet und beschrieben. In der Kopiervorlage der Bauzahlenübersicht werden darüber hinaus weitere Bauzahlen angeführt, die im Prinzip selbsterklärend sind.

UR – Umbauter Raum: Dieser Bauzahlenwert bezeichnet das umbaute Raumvolumen in Ihrem Bauantrag. Die Berechnung des umbauten Raums ist nach DIN genormt. Der Rauminhalt des Objekts ist begrenzt durch die Unterseite der Bodenplatte, die Außenseiten der Außenwände und die Oberseite der Dachhaut. Sollten Sie noch keinen Bauantrag vorliegen haben, ist der umbaute Rauminhalt von Standard-Baukörpern schnell berechnet. UR setzt sich aus dem Volumen des Geschosskörpers und aus dem Volumen des Dachkörpers zusammen (siehe Skizze). Die Ermittlung beider Anteile wird mithilfe von einfachen Grundkörpern näher beschrieben. Kann Ihr geplanter Hauskörper mit diesen einfachen Grundformen nicht beschrieben werden, bitten Sie Ihren Architekten um Unterstützung.

GF – Grundfläche der Geschosse: Hierbei handelt es sich um die Bruttoflächen der einzelnen Geschosse. Berechnet werden die Flächen unmittelbar über Fußbodenhöhe bis zur Außenkan-

Materialeinkauf

te der Außenwände. Da diese Flächen für die einzelnen Geschosse zumeist unterschiedlich sind, wird für jedes Geschoss eine eigene Bauzahl ermittelt. Vorsprünge (z. B. Balkone) werden zur Fläche hinzuaddiert.

Die Geschossfläche eines Rechteck-Grundrisses ist über die Rechteck-Fläche, nämlich mit Länge x Breite zu berechnen. Ein 12 m langer und 10 m breiter Hauskörper besitzt eine Grundfläche von 12 x 10 = 120 m^2. Die Grundfläche eines komplizierteren Objekts berechnet man am einfachsten, indem der Geschossgrundriss in einzelne Rechtecke zerlegt wird. Ein Winkelgrundriss ist zumeist aus zwei, ein sogenannter Hufeisengrundriss aus drei Teilrechtecken zu berechnen.

Dachkörper →

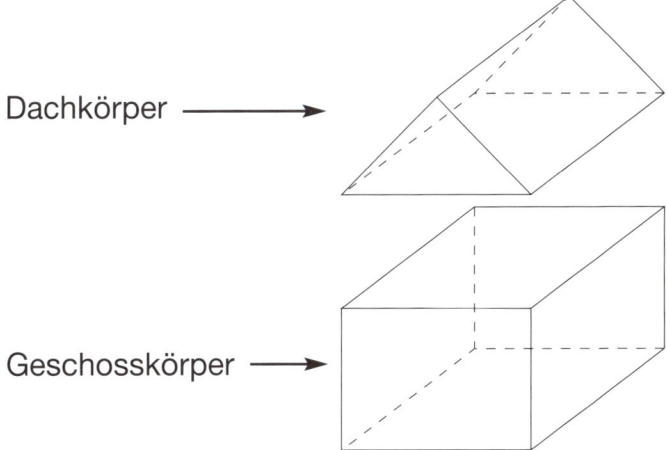

Geschosskörper →

Geschosskörper des Hauses: Der Geschosskörper des Hauses ermittelt sich aus der Grundrissfläche multipliziert mit der Geschosskörper-Höhe. Zu beachten ist, dass für unterschiedliche Geschossgrundrisse auch getrennte Geschosskörper zu berechnen sind, die anschließend addiert werden. Besitzt ein Geschosskörper Nischen, z. B. einen über die ganze Geschosshöhe eingezogenen Hauseingang, wird der Flächenanteil abgezogen. Mit Geschossvorsprüngen, z. B. einem Erker, ist es genau umgekehrt. Hier wird die Geschossfläche entsprechend vergrößert.

DR – Rauminhalt des Dachgeschosses: Diese Bauzahl wird für die Ermittlung der Kosten des Dachstuhls benötigt. Es wird das gesamte Dachkörpervolumen eingerechnet. Die Basis dieses Körpers bildet eine gedachte Fläche zwischen den Dachtraufen (Regenrinnen). Das Volumen von Dachgauben wird hinzuaddiert. Dacheinschnitte (Loggien) werden nicht abgezogen. Sind Erker oder Eingangsüberdachungen als Holzkonstruktionen mit Dacheindeckung geplant, müssen auch diese mit berücksichtigt werden.

Ermittlung der Dachstuhlkosten

BAUZAHLEN

DF – Fläche der Dacheindeckung: Bei dieser Bauzahl ist die gesamte Fläche der Dacheindeckung zu berechnen. Verschieferte oder verschalte Sichtblenden an Ortgang, Dachtraufe und Schornsteinkopf werden als Fassadenfläche behandelt und als eigenständige Fassadenbauzahlen FA erfasst. Im Folgenden finden Sie Beispielberechnungen für einige einfache Grund-Dachkörperformen.

● **Satteldach**

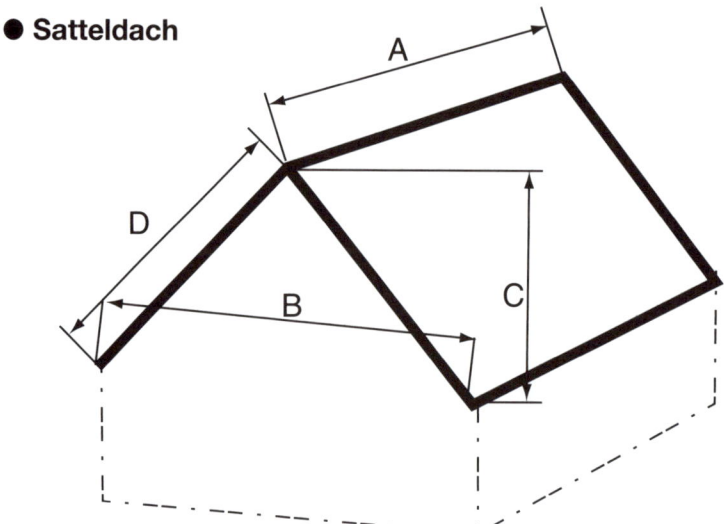

$$DR\ (m^3) = \frac{(B \times C)}{2} \times A$$

$$DF\ (m^2) = A \times D \times 2$$

● **Walmdach**

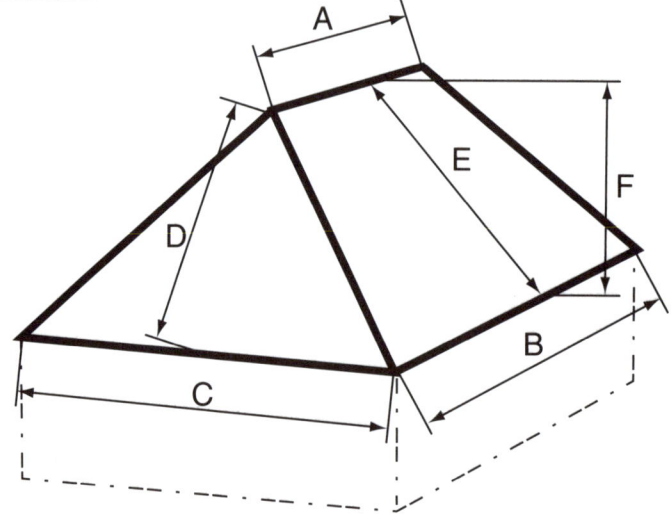

$$DR\ (m^3) = \frac{[(2 \times B) + A] \times C \times F}{6}$$

$$DF\ (m^2) = [(A + B) \times E] + (C \times D)$$

● **Krüppelwalmdach**

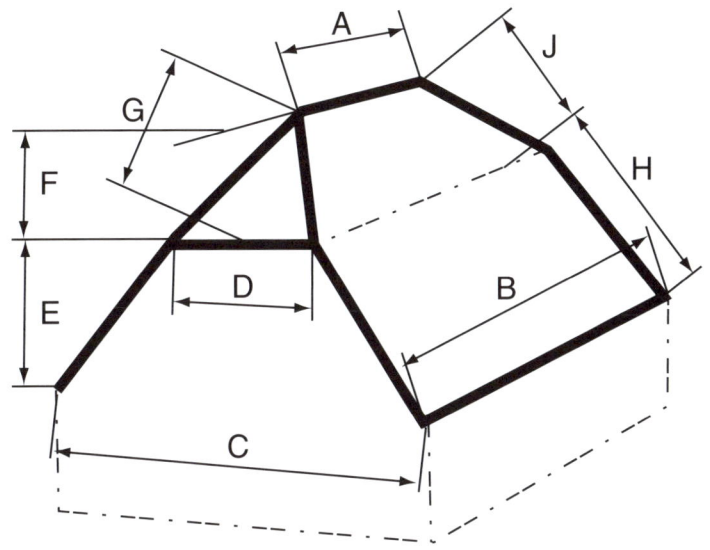

$$DR\ (m^3) = \frac{(C + D) \times E \times B}{2} + \frac{[(2 \times B) + A] \times D \times F}{6}$$

$$DF\ (m^2) = [(B \times H) \times 2] + [(B + A) \times J] + (D \times G)$$

● **Pultdach**

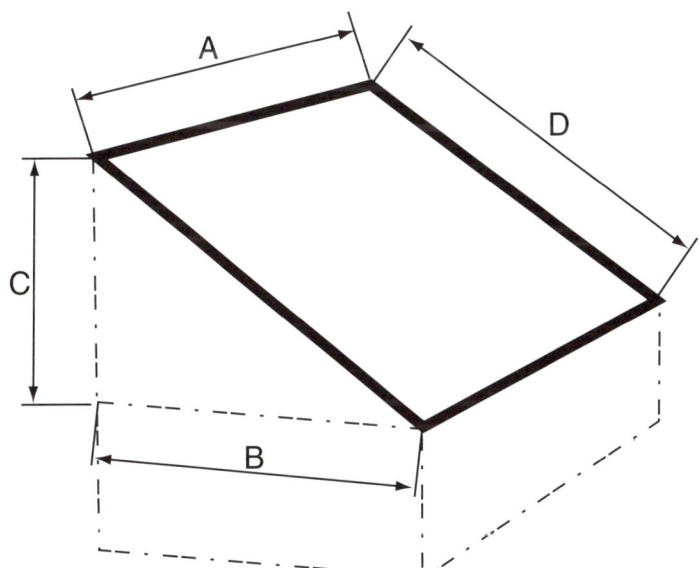

$$DR\ (m^3) = \frac{(B \times C)}{2} \times A$$

$$DF\ (m^2) = A \times D$$

BAUZAHLEN

Nur Rohbaumaß berücksichtigen

Bauzahlen für die Innenausstattung

FA – Fassadenfläche des Hauses: Für jede Fassadenausführung (z. B. Verblender, Holzverschalung) wird eine Fassadenbauzahl ermittelt. Jede Außenwand wird für sich berechnet und zwar einschließlich eventuell vorhandener Giebeldreiecke. Fenster- und Türöffnungen, die insgesamt kleiner als 4 m² sind, werden nicht berücksichtigt. Alle Teilflächen werden zu der entsprechenden Fassadenbauzahl FA addiert.

FW – Fensterfläche der Wohngeschosse: Alle Flächen der Wohngeschossfenster werden zur Fensterbauzahl FW zusammengefasst. Berücksichtigt werden die Rohbaumaße, d. h. die Maueröffnungen und nicht die Glasflächen der eingebauten Fenster. Haben Sie vor, zwei verschiedene Fensterausführungen einzubauen (z. B. Kunststoff und Aluminium), stellen Sie zwei separate Fensterbauzahlen FW auf.

FK – Fensterfläche des Kellergeschosses: Für die Fläche der Kellergeschossfenster gilt im Prinzip das Gleiche. Gibt es auch hier zwei verschiedene Ausführungen (z. B. Lichtschachtfenster und Betonrahmenfenster), stellen Sie zwei Bauzahlen FK auf.

LW a/i – Fensterbanklänge Wohngeschosse (außen/innen): Die Fensterbänke der Wohngeschossfenster werden über zwei Bauzahlen LW(i) und LW(a) für Innen- und Außenfensterbänke kalkuliert. Die Länge einer Fensterbank entspricht der Breite der Rohbaufensteröffnung. Die Breite (Rohbaumaße) aller Fenster mit Fensterbänken wird, getrennt für Innen- und Außenfensterbänke, addiert. Sind unterschiedliche Qualitäten geplant, so muss die Bauzahl entsprechend aufgeteilt werden.

LK a/i – Fensterbanklänge Kellergeschoss (außen/innen): Hier gehen Sie genauso wie bei den Wohngeschossfenstern vor. Die Bauzahl wird selbstverständlich nur für die Kellerfenster ermittelt, die auch tatsächlich Fensterbänke erhalten.

Die nun folgenden Raum-Bauzahlen werden während der Bearbeitung des Raumbuchs aufgestellt. Sie gelten jeweils für einen Raum und werden vorerst nicht addiert. Jedem Raum ist ein eigener Bauzahlensatz (FB, FI, FD, RU) zugeordnet, der im Raumblatt niedergeschrieben wird.

FB – Fußbodenfläche eines Raums: Die Bauzahl FB wird für die Kalkulation der Bodenbelagsarbeiten (Estrich, Fliesen, Teppich usw.) benötigt. Vorsprünge und Nischen müssen in der Fußbodenfläche berücksichtigt werden. Die Grenzlinie in Türnischen ist das geschlossene Türblatt. Besitzen zwei Räume eine offene Verbindung, gilt eine gedachte Gerade als Trennlinie zwischen den Räumen.

> **Praxistipp**
> Werden mehrere Räume mit dem gleichen Fußbodenbelag ausgestattet, empfiehlt es sich, diese FB-Bauzahlen in Gruppen zusammenzufassen. Dies erleichtert später die Aufstellung des Detailkostenplans erheblich.

RU – Umfang des Einzelraums: Die Bauzahl RU wird für die Kalkulation von Fußboden- oder Deckenabschlussleisten herangezogen. Der Raumumfang ist weiterhin eine Hilfsgröße für die Bestimmung der Wandfläche FI eines Raums.

FI – Innenwandfläche eines Raums: Mithilfe der Bauzahl FI für alle Einzelräume werden die Wandbelagsarbeiten (Wandputz, Tapeten, Anstrich usw.) kalkuliert. Raumumfang x Raumhöhe ergibt die Wandfläche. Offene Wandabschnitte zwischen zwei verbundenen Räumen, z. B. zwischen Wohn- und Essbereich (offenes Wohnen), werden in jedem der beteiligten Räume abgezogen. Besitzt ein Raum Dachschrägen, zählen nur die senkrechten Wandabschnitte zur Bauzahl FI. Die Flächenanteile für Türen und Fenster werden nicht abgezogen.

> **Praxistipp**
> Die Bauzahlen FB – FD – RU – FI bilden die Grundlage für die genaue Kostenkalkulation des Innenausbaus.

FD – Deckenwandfläche eines Raums: Für die Deckenbelagsarbeiten (Deckenputz, Holzverschalung, Paneele usw.) wird die Bauzahl FD für jeden Raum bestimmt. In Räumen mit Dachschrägen wird der schräge Wandanteil in die Deckenfläche einbezogen.

WH – Korrigierte Heizungsfläche eines Raums: Die korrigierte Heizungsfläche eines Raums ist schnell ermittelt. Wenn der Raum beheizt ist, entspricht WH der Bauzahl FB, also der Fußbodenfläche. Ist der Raum nicht beheizt, dann ist die korrigierte Heizungsfläche gleich null. Die im Kostenplan anzusetzende Bauzahl WH entspricht dann der Summe von WH aus allen Einzelräumen.

WS – Korrigierte Sanitärfläche eines Raums: Die Berechnung der Sanitärfläche der Räume ist etwas komplizierter. Die Sanitärfläche errechnet sich aus einem sogenannten Sockelbetrag für die Rohrnetzkosten, der für alle Räume gleich der Fußbodenfläche ist, egal ob der Raum eine Sanitärinstallation enthält oder nicht. Bei Räumen mit Sanitärinstallation wird ein Zuschlag

Ausstattungsstufen

addiert, der von der Zahl der Zulaufarmaturen und Abwasserabläufe abhängt. Für jede Zulaufarmatur wird die Größe der Fußbodenfläche um 8 m^2, für jeden Abwasserablauf um 10 m^2 erhöht.

Die im Kostenplan anzusetzende Bauzahl WS entspricht dann der Summe von WS aus allen Einzelräumen.

Beispiel

Ein Badezimmer von 12 m^2 Fußbodenfläche besitzt ein WC, ein Bidet, einen Waschtisch und eine Badewanne. Da jede dieser Komponenten eine Zulaufarmatur und einen Abwasserablauf besitzt, sind in diesem Bad insgesamt 4 Abwasserabläufe und 4 Zulaufarmaturen installiert.

Sockelbetrag	12 m^2
+ Zulaufarmaturen (4 x 8 m^2)	32 m^2
+ Abwasserabläufe (4 x 10 m^2)	40 m^2
WS	84 m^2

WE – (Korrigierte) Elektrofläche eines Raums: Im Gewerk Elektroinstallation sind grundsätzlich drei Ausstattungsqualitäten für die Elektroinstallation definiert, die bezüglich der Kosten etwa im Verhältnis 70 % : 100 % : 130 % zueinander stehen. Die einfachste Ausstattungsstufe 1 findet kaum Anwendung, die Ausstattungsstufe 3 sieht dagegen eine besonders aufwendige, zukunftsorientierte Installationsweise vor. Im Wohnungsbau ist es allgemein üblich, die mittlere Ausstattungsstufe 2 zugrunde zu legen.

Die drei Ausstattungsstufen finden sich in den entsprechend abgestuften Baupreisen der Baukosten-Tabellen wieder, sodass WE für jeden Einzelraum jeweils FB entspricht. Die im Kostenplan anzusetzende Bauzahl WE entspricht dann der Summe von WE aus allen Einzelräumen.

Raumbuch

Für die Aufstellung eines wirklich detaillierten Kostenplans sind sehr viele Einzelentscheidungen zu treffen, die alle Einfluss auf die Baukosten haben.

Auf der einen Seite stehen Entscheidungen zur konstruktiven Ausführung des tragenden Baukörpers und zur Auswahl geeigneter Baustoffe unter bautechnischen Gesichtspunkten (Statik, Wärme, Schall) an. Diese durchweg kostenrelevanten Entscheidungen kann und sollte der Bauherr nur zusammen mit seinem Architekten treffen. Auf der anderen Seite gilt es aber auch, eine Vielzahl von Details zur Innenausstattung festzulegen. Neben technischen Gesichtspunkten sind hierbei hauptsächlich Geschmack, Komfortanspruch und Geldbeutel des Bauherrn bestimmend für die Kosten.

Um alle Festlegungen übersichtlich zu strukturieren, stellen Sie ein Raumbuch auf. Das Raumbuch dokumentiert alle Festlegungen zur Ausstattung jedes Einzelraums, die den Kostenrahmen für den Innenausbau Ihres Objekts maßgeblich bestimmen. Mit diesen Aufzeichnungen fällt es Ihnen später leichter, bei Materialeinkauf und Bauausführung die erforderliche »Ausgabendisziplin« zu bewahren.

Dokumentation der Raumausstattung

Stellen Sie all diese Überlegungen unbedingt zusammen mit den anderen zukünftigen Hausbewohnern an, damit jeder genau weiß, in welchem Kostenrahmen sich Änderungswünsche bewegen dürfen. Haben Sie die Aufstellung des Raumbuchs so weit abgeschlossen, müssen alle Änderungswünsche zur Innenausstattung – die man nie ganz ausschließen kann und sollte – im gemeinsam festgelegten Kostenrahmen bleiben.

„Redaktionsschluss" vereinbaren

> **Praxistipp**
> Auf einen Nenner gebracht: Kostenneutrale Änderungen sind erlaubt – Eichenparkett statt Buchenparkett, dunkle statt helle Innentüren, braune statt blaue Sanitärobjekte, Armaturen der Fa. X statt der Fa. Y – solange der im Raumbuch eingeplante Ausstattungspreis eingehalten werden kann.

Praktische Durchführung

Das Raumbuch besteht aus einzelnen Raumblättern, die für jeden Raum Ihres Hauses angelegt werden. Sie finden im Anhang eine Kopiervorlage für ein solches Raumblatt. Nummerieren Sie

RAUMBUCH

alle Räume in einer Kopie Ihres 1:100-Architektenplans durch. Zur Verbesserung der Übersicht besteht die Möglichkeit, das Raumbuch zweistufig aufzubauen – organisiert in Raumgruppen mit den zugeordneten Räumen. So könnten z. B. die Geschosse Ihres Hauses oder die Wohnungen eines Mehrfamilienhauses als Raumgruppen definiert werden.

> **Beispiel**
> Ihr Raumbuch könnte drei Raumgruppen (Keller, Erdgeschoss, Obergeschoss) mit jeweils einer Anzahl von Räumen beinhalten. Die Nummern der einzelnen Räume wären auf den Raumblättern dann mit KG 1, KG 2 usw., EG 1, EG 2 usw., OG 1, OG 2 usw. festzulegen.

Für jeden Raum tragen Sie eine kurze Beschreibung ein und markieren die nördliche Himmelsrichtung in der symbolisierten Windrose. Jedes Raumblatt bietet nach der im Anhang beigefügten Raumblattvorlage in dem mittig angeordneten Zeichnungsrahmen Platz für eine maßstabsgetreue Skizze des Raum-Grundrisses im Maßstab 1:50 oder größer, in der Sie die Ausstattungsmerkmale eintragen.

Kalkulation der Materialmengen

Für die spätere Kalkulation der benötigten Materialmengen sind die Boden-, Innenwand- und Deckenflächen des Raums in Quadratmetern nacheinander zu ermitteln. Die Ergebnisse tragen Sie in die entsprechenden Felder für die Raum-Bauzahlen FB (Bodenfläche), FI (Innenwandfläche) und FD (Deckenfläche) ein. Um die Kosten für Fußboden- und Deckenabschlussleisten zu ermitteln, wird der Raumumfang benötigt. Alle Berechnungen führen Sie mit den Rohbaumaßen der unverputzten Wände und ohne eingebauten Estrich durch.

> **Praxistipp**
> Achten Sie darauf, nicht zu viele unterschiedliche Materialien vorzusehen. Mit Lieferanten lässt sich am besten über Rabatte verhandeln, wenn Sie größere Posten einer Materialausführung kaufen.
> Und denken Sie daran: Verhandeln Sie mit mehreren Anbietern hartnäckig über den besten Preis. Oft sind hier Preissenkungen oder Rabatte möglich.

Abschließend geben Sie im unteren Teil des Raumblatts an, welche Beläge Sie jeweils für den Boden, die Wände und die Decken verwenden möchten. Für diese Festlegungen sollten

RAUMBUCH

Sie die Baukostentabellen zu Hilfe nehmen. Sie finden zu den Ausbaugewerken eine Vielzahl von unterschiedlichen Auswahlpositionen mit kurzer Qualitäts- bzw. Leistungsbeschreibung und Preisangabe.

In den Raumblättern können Sie aber noch weitere Eintragungen vornehmen. Zeichnen Sie die Heizkörper ein und die Positionen von Lichtschaltern, Steckdosen sowie Wand- und Deckenauslässen für die Elektroinstallation. In die Raumblätter der Sanitärräume werden selbstverständlich ebenso die Objekte eingetragen und qualitativ beschrieben. Das Raumbuch ist eine ungemein wichtige Unterlage, die Sie bei allen Besprechungen mit dem Architekten oder den Handwerkern immer zur Hand haben sollten, um nicht die Übersicht zu verlieren.

Aufstellung der Materiallisten

Für den Ausbau jedes Raums werden je nach Größe der zu bearbeitenden Flächen bestimmte Mengen an Ausbaumaterial benötigt. In jedem Raumblatt wurde festgehalten, welches Material im jeweiligen Raum verarbeitet werden soll. Schon aus optischen Gründen werden Sie nicht in jedem Raum andere Materialqualitäten einsetzen wollen. Bevorzugen Sie z. B. für Zimmerdecken weiß gestrichenen Deckenputz, werden Sie diesen Deckenputz sicher in den meisten Räumen vorsehen. Um nun die zu verputzende Gesamtfläche ermitteln zu können, übertragen Sie die Raumbuch-Mengendaten in sogenannte Materiallisten. Die Kopiervorlage einer Materialliste finden Sie wiederum im Anhang des Buchs.

Einheitliche Materialqualitäten

Für jedes im Raumbuch eingeplante Ausbaumaterial wird eine solche Materialliste angelegt. Die Beschreibung des Materials sowie die ungefähren Material- und eventuell die Einbaukosten können Sie den Baukostentabellen dieses Buchs entnehmen und zusätzlich selbst im Baumarkt recherchieren.

Alle Räume, für deren Ausbau ein bestimmtes Material Verwendung findet, werden untereinander in die zugehörige Materialliste eingetragen. Erfasst wird die Raumnummer, die Bezeichnung des Raums und die benötigte Materialmenge. Wenn alle betroffenen Räume aufgelistet sind, addieren Sie die Einzelmengen zu einer Gesamt-Materialmenge. Um die Materialliste auch als Bestellunterlage nutzen zu können, wird anschließend noch ein Verschnittzuschlag (üblich sind 5 bis 10 %) zum Gesamtbedarf hinzuaddiert. Die Menge benötigter Hilfsmaterialien (Kleber, Klammern) können Sie ebenfalls abschätzen und für den späteren Einkauf festhalten.

Verschnittzuschlag berücksichtigen

RAUMBUCH

Checkliste

RAUMBUCH

1. Verwenden Sie bei der Berechnung der Bauzahlen die Maßangaben aus dem 1:100-Architektenplan und keine unverbindlichen Schätzwerte. Je gründlicher Sie hier im Vorfeld arbeiten, desto genauer können Sie die tatsächlichen Baukosten ermitteln.

Wichtig

2. Achten Sie bei der Berechnung der Bauzahlen besonders auf die jeweilige Mengeneinheit (m, m², m³ usw.). Beim Abgleich mit den Baukostentabellen (€/m, €/m², €/m³) muss die Mengeneinheit auf jeden Fall identisch sein, sonst kann keine Kostenkalkulation vorgenommen werden.

3. Bedenken Sie, dass alle im Kostenplan benötigten Mengenwerte, die nicht als vorgegebene Bauzahlen vorliegen, als abgezählte Stückzahl oder als von Hand berechnete Menge in den Kostenplan eingetragen werden müssen.

4. Beachten Sie, dass die Ermittlung der Bodenfläche (FB), Innenwandfläche (FI) und Deckenfläche (FD) auf der Grundlage der Rohbaumaße (unverputzte Wände, ohne Estrich) erfolgt.

5. Tragen Sie alle Ausstattungsmerkmale der einzelnen Räume detailliert in die Raumblätter ein. Das daraus entstehende Raumbuch wird Ihnen als wichtigste Planungs- und Kontrollunterlage dienen.

6. Vergessen Sie bei der Verwendung Ihrer Materialliste als Bestellunterlage nicht, einen Verschnittzuschlag von ca. 5 bis 10 % der Gesamtmenge hinzuzurechnen.

Augen aufhalten

7. Da die Baupreise in den Baukostentabellen die marktüblichen Verkaufspreise widerspiegeln, können keine Sonderangebote o. Ä. berücksichtigt werden. Falls Sie auf solche günstigen Angebote zurückgreifen können, tragen Sie diese Preise nachträglich in die Baukostentabelle ein. So wird Ihre Kostenkalkulation noch präziser.

BAUKOSTENTABELLEN

Baukostentabellen

Die Baukostentabellen sind nach Gewerken geordnet. 17 Hauptgewerke grenzen die größten Kostenblöcke voneinander ab. Innerhalb eines Hauptgewerks finden Sie jeweils mehrere Gewerke als weitere Untergliederungen, die die allgemein üblichen Leistungspakete voneinander abgrenzen. Unter jedem Gewerk sind wiederum Leistungseinheiten bzw. Positionen aufgelistet, jeweils mit einer zugehörigen Beschreibung, dem Preis (Richtwert in €) und einer zugeordneten Mengeneinheit (Bauzahl). Der jeweilige Preis kann sich auf eine konkrete Mengeneinheit (z. B. Stück, pro Haus) beziehen oder aber auf eine Bauzahl, die ja mit einem bestimmten, bereits berechneten Mengenwert vorbelegt ist (z. B. UR = 985 m³, DF = 166 m²).

Eine saubere Struktur muss sein

> **Beispiel**
> Um die Kosten für ein bestimmtes Gewerk zu ermitteln, gilt also:
>
> Bauzahl x Baupreis = Kosten
> (Stück, m, m²) (€/Stück, €/m, €/m²)

Zu den Installationsgewerken finden Sie zur alternativen Nutzung Sammelgewerke <u>oder</u> Einzelgewerke vor. Die Sammelgewerke (z. B. 5.1 Heizungsanlage) beinhalten den kompletten Leistungsumfang der untergeordneten Einzelgewerke (5.1.1, 5.1.2 usw.). Der Kalkulationsvorgang ist im Grunde mit dem Ansatz des Baupreises des Sammelgewerks unter Nutzung der entsprechenden Bauzahl (z. B. WH gesamt) erledigt. Wenn Sie die Installationsarbeiten detailliert planen möchten, setzen Sie nur die untergeordneten Gewerke aus der Baukostentabelle an (5.1.1, 5.1.2 usw). Das empfiehlt sich insbesondere dann, wenn Sie z. B. das betreffende Gewerk in Eigenleistung erstellen und das Material selbst beschaffen wollen.

Die Preise in den Baukostentabellen sind Bruttopreise mit einer Mehrwertsteuer von 19 %. Die angegebenen Baupreise sind als Richtwerte zu verstehen und beinhalten die jeweils angegebenen Lohnanteile. Wie die angegebene Bandbreite bereits zeigt, ist die mögliche Schwankung der Baupreise aufgrund regionaler, saisonaler und konjundureller Einflüsse ganz beträchtlich. Sprechen Sie die aufgestellte Kostenplanung immer mit Ihrem Architekten durch, der die vorgenannten Einflüsse aufgrund seiner Kenntnis der örtlichen Baupreissituation besser einschätzen kann. Das an Ihrem Ort vorgefundene reale Baupreisniveau ist letztlich für Ihre Planungen entscheidend. Zu jedem Hauptgewerk finden Sie im Kapitel Kosteneinsparung praktische Checklisten, die Ihnen helfen, die Kosten effizient zu kontrollieren und eventuell zu senken.

Baupreise sind Richtwerte

BAUKOSTENTABELLEN

Gewerk/Komponente	Bauzahl	Baupreis €	Beschreibung
Baukostentabelle Hauptgewerk 1: Planungskosten und Gebühren			
1.1 Architektenplanung	UR	26–32	Volle Architektenleistung nach HOAI in Abhängigkeit von der Bauausführung und dem Endwert der Baukosten, Grundlagen, Entwurf, Detailplanung, Ausschreibung, Bauleitung und Abrechnung Teilleistungen als Teilbetrag des vollen Honorars abrechenbar mit: 10 % Grundlagen, Vorplanung 17 % Entwurfs- u. Genehmigungsplanung 25 % Ausführungsplanung 14 % Ausschreibung, Hilfestellung bei der Vergabe 31 % Bauleitung 3 % Abrechnung des Bauvorhabens
1.2 Amtlicher Lageplan	pro Haus	600–800	Kleineres, normal geschnittenes Grundstück bis ca. 400 m^2, ohne vermessungstechnische Schwierigkeiten
		800–1100	Mittleres, normal geschnittenes Grundstück bis ca. 700 m^2, ohne vermessungstechnische Schwierigkeiten
		1100–1500	Größeres Grundstück, normal geschnitten, bis ca. 2000 m^2, keine erheblichen vermessungstechnischen Schwierigkeiten
1.3 Statik	UR	9–12	Honorierung nach HOAI, in Abhängigkeit von der Bausumme, dem planerischen Schwierigkeitsgrad und vereinbarten Sonderleistungen
1.4 Prüfstatik	UR	4–6	Honorierung nach Gebührenordnung in Abhängigkeit von der geschätzten Bausumme und Gebäudeart
1.5 Bodenuntersuchung	pro Haus	400–1500	Honorierung nach erforderlichem Aufwand und gestellten Anforderungen, abhängig von den an der Baustelle angetroffenen Verhältnissen
1.6 Baugenehmigung	UR	3–5	Berechnung nach Gebührenordnung in Abhängigkeit von der Bausumme und den örtlichen Gebührensätzen

Gewerk/Komponente	Bauzahl	Baupreis €	Beschreibung
1.7 Schnurgerüst einmessen	pro Haus	250–300	Kostenrechnung nach dem erforderlichen Vermessungsaufwand
1.8 Rohbaueinmessung	pro Haus	250–300	Kostenrechnung nach dem erforderlichen Vermessungsaufwand
1.9 Bauwesen- versicherung	pro Haus	500–700	Prämienermittlung erfolgt in Abhängigkeit von den besonderen Versicherungsrisiken, der Höhe der endgültigen Bausumme, dem Umfang der Eigenleistung und der Versicherungsdauer
1.10 Bauherrenhaft- pflicht	pro Haus	250–350	Prämienermittlung erfolgt in Abhängigkeit von der endgültigen Bausumme, Umfang und Art der Eigenleistung und der Versicherungsdauer
1.11 Berufsgenossen- schaft	Stunde	2–5	Je Stunde erbrachter Eigenleistung durch Bekannte, Verwandte und Nachbarn, je nach Art der Tätigkeit (Wahrscheinlichkeit des Verletzungsrisikos), die Eigenleistung des Bauherrn und des Ehepartners sind nicht versichert.

Baukostentabelle Hauptgewerk 2: Bauplatzvorbereitung

Gewerk/Komponente	Bauzahl	Baupreis €	Beschreibung
2.1 Baustrom- einrichtung	Stück	150–190	Anschlusskosten für einen Baustromver- teiler durch das zuständige EVU, abhängig von der Gebührenregelung und dem Aufwand
		100–125	Installationskosten durch Elektroinstallateur
		200–400	Leihgebühren für einen Baustromverteiler und die Anschlussverkabelung
2.2 Bauwasser- installation	Stück	0	Kein extra Bauwasseranschluss, sondern frühzeitige Installation des Hausan- schlusses
		250–400	Separate Bauwasserinstallation nur für den Bauzweck mit Zapfgarnitur, ohne Zähler
2.3 Baubude	Stück	500–800	Gebrauchter Bauwagen, Leihgebühr für ca. ein Jahr Bauzeit, mit Anlieferung
		2500–5500	Fertiggarage 2,6 x 6 m, Stahlbeton, komplett mit Garagentor und Dachentwässerung, je nach Ausführung, ohne Fundamente

BAUKOSTENTABELLEN

Gewerk/Komponente	Bauzahl	Baupreis €	Beschreibung
2.4 Bauplatzsicherung	Stück	250–450	Abgrenzungspfosten mit Markierungsband, Warnbeschilderung, evtl. erforderliche Beleuchtung bei Verkehrsbehinderungen
2.5 Schnurgerüst	Stück	80–200	Holzgerüstaufstellung, Aufwand je nach Art des zu markierenden Bauwerks
2.6 Ausschachtung	GF	8–14	Ca. 1 m Baugrubentiefe, je nach Anfahrtweg des Unternehmers und der vorgefundenen Bodenbeschaffenheit (anormale Verhältnisse Mehrpreis)
		13–20	Ca. 1,5 m Baugrubentiefe, je nach Anfahrtweg des Unternehmers und der vorgefundenen Bodenbeschaffenheit (anormale Verhältnisse Mehrpreis)
		21–30	Ca. 2,5 m Baugrubentiefe, je nach Anfahrtweg des Unternehmers und der vorgefundenen Bodenbeschaffenheit (anormale Verhältnisse Mehrpreis)
		35–75	Ca. 2,5 m Baugrubentiefe bei schwierigen und schwierigsten Verhältnissen, z. B. Grundwasser, Felsboden usw.
	m^3	35–45	Fundamentaushub von Hand, leichter Boden
	m^3	45–60	Fundamentaushub von Hand, schwerer Boden
2.7 Erdmassentransport	m^3	5–8	Aufladen des Bodens mit vorhandenem Ausschachtungsbagger und Abtransport zur Verkippung, je nach Anfahrts- und Transportweg des Unternehmers und zu transportierenden Mengen
2.8 Verfüllung, Grobplanum	m^2	6–8	Je nach Aufgabenstellung und Schwierigkeitsgrad der Planierarbeiten, normale Maschinenanforderungen, Abrechnung durch den Unternehmer nach Maschinen- und Arbeitsstunden, Maschinenantransportkosten
	m^2	12–15	Einbau Fundament-Dränage, lagenweiser Einbau von Rollkies und nichtbindigem Füllmaterial

Gewerk/Komponente	Bauzahl	Baupreis €	Beschreibung
Baukostentabelle Hauptgewerk 3: Rohbauarbeiten			
3.1 Gründung, Bodenplatte	GF	70–85	Streifenfundamente 50–60 cm breit, unbewehrt mit leicht bewehrter Bodenplatte 12 cm dick, Sauberkeitsschicht 10 cm, geeignet für normale, tragfähige Bodenverhältnisse (Kies, Kies-Lehm)
		80–95	Streifenfundamente 50–60 cm breit, bewehrt mit bewehrter Bodenplatte aus Sperrbeton 15 cm dick, Sauberkeitsschicht Körnung 20 cm, geeignet für weniger tragfähige Bodenverhältnisse (Lehmboden, sandige Böden)
		85–115	Fundamentplatte bewehrt, 30 cm dick, Sauberkeitsschicht Körnung 20 cm, geeignet für weniger tragfähige Bodenverhältnisse (Lehm, Schluff, Sand)
		50–65 %	Lohnkostenanteil
3.2 Kellermauerwerk	m^3	170–230	Bimsbetonsteine 36,5 cm dick, Dichte ca. 1200 kg/m^2, Mörtelgruppe II, Horizontalabdichtung auf erster Steinlage und unter Kellerdecke
		230–260	Kalksandsteine 36,5 dick, Mörtelgruppe III, Horizontalabdichtung auf erster Lage und unter Kellerdecke, Fugenglattstrich innen
		220–260	Gasbeton- bzw. Leichtziegel 36,5 cm dick, Spezialmörtel bzw. -kleber, Horizontalabdichtung auf erster Lage und unter Kellerdecke
	m^2	110–135	Stahlbeton B 25, 25 cm dick, Spezialhorizontalabdichtung in ca. 20 cm Höhe und unter Kellerdecke
		50–60 %	Lohnkostenanteil
3.3 Geschossmauerwerk	m^3	190–240	Bimshohlblocksteine 25 cm dick, Dichte 800 kg/m^3, Mörtelgruppe III, Horizontalabdichtung auf erster Steinlage, Stürze nach Statik
		240–280	Kalksandsteine 25 cm dick, Mörtelgruppe III, Horizontalabdichtung auf erster Steinlage, Stürze nach Statik, Verwendung großformatiger Steine

BAUKOSTENTABELLEN

Gewerk/Komponente	Bauzahl	Baupreis €	Beschreibung
	m²	230–270	Gasbeton- bzw. Leichtziegel, Planblöcke, 30 cm dick, Spezialmörtel bzw. -kleber, Horizontalabdichtung auf erster Steinlage
		40–50	Außenwand als Ständerkonstruktion aus Holz, wärmegedämmt mit 160 mm Mineralwolle, Fichtenholz, 160 mm dick
		50–60 %	Lohnkostenanteil
3.4 Innenwände	m²	40–50	Bimsbauplatten 11,5 cm dick, Mörtelgruppe III, Horizontalabdichtung auf erster Steinlage
		45–60	Kalksandsteine 11,5 cm dick, Mörtelgruppe III, Horizontalabdichtung auf erster Steinlage
		50–65	Gasbeton- bzw. Leichtziegelplatten 12,5 cm dick, Spezialmörtel bzw. -kleber, Horizontalabdichtung
		38–55	Trockenbauwand, Metallständer mit Gipskartonbeplankung, Ausfachung mit Isoliermaterial, Dicke ca. 10 cm
		45–65	Holzständerkonstruktion, 120 mm dick, mit Mineralwolle 120 mm isoliert, Gipskartonbeplankung beidseitig, 35 dB Schalldämmung
		40–60 %	Lohnkostenanteil
3.5 Geschossdecken	GF	35–45	Hohlziegeldecke, normale statische Anforderungen, Typenstatik, Anlieferung frei Baustelle, Verlegung in Eigenleistung
		55–65	Fertigteil-Filigrandecke, 4 cm + 12 cm Ortbeton, normale statische Ansprüche, mit Anlieferung, Montage, Betoneinbringung, Durchbrüche
		55–70	Ortbeton-Geschossdecke 16 cm dick für normale statische Ansprüche, mit Schalarbeiten, Eisenverlegung, Betoneinbringung, Durchbrüchen
		60–75	Wie vorhergehender Posten, jedoch Ortbeton-Geschossdecke 20 cm dick für höhere statische Ansprüche
		65–75	Holzbalkendecke, sichtbar, 75 cm Balkenabstand, Rieselschüttung 100 mm, Blindboden, ohne darüberliegender Bodenaufbau
		25–40 %	Lohnkostenanteil

Gewerk/Komponente	Bauzahl	Baupreis €	Beschreibung
3.6 Stahlbeton-Innentreppe	Geschoss	1000–1400	Normalbreite, gerade, Geschosshöhe 2,5 m, ohne Belag und Verputzarbeiten
		1200–1600	Normalbreite, $1/2$ gewendelt, Geschosshöhe 2,5 m, ohne Belag und Verputzarbeiten arbeiten
		1400–1800	Normalbreite, $1/4$ gewendelt, Geschosshöhe 2,75 m, ohne Belag und Verputzarbeiten
		1700–2000	Normalbreite, $1/2$ gewendelt, Geschosshöhe 2,75 m, ohne Belag und Verputzarbeiten
		2300–2600	Überbreite (ca. 1,5 m), großzügig geschwungene Treppenanlage, $1/2$ gewendelt, Geschosshöhe 2,75 m
		50–60 %	Lohnkostenanteil
3.7 Keller-Außentreppe	Geschoss	2300–2800	Normalbreite, Umfassungsmauerwerk Bims 36,5 cm, unterfüllt mit Erdreich, $1/4$ gewendelt, Geschosshöhe 2,5 m, Feuchtigkeitsisolierung
		2500–3000	Normalbreite, Umfassungsmauerwerk Kalksandstein 36,5 cm, unterfüllt mit Erdreich, $1/4$ gewendelt, Geschosshöhe 2,5 m, Feuchtigkeitsisolierung
		2500–3000	Normalbreite, Umfassungsmauerwerk Gasbeton bzw. Leichtziegel, unterfüllt mit Erdreich, $1/4$ gewendelt, Höhe 2,5 m, Feuchtigkeitsisolierung
		40–50 %	Lohnkostenanteil
3.8 Außenputz	FA	30–35	Kalkzementputz, Reibe- oder Kratzstruktur, 2-lagig, 2 cm Auftragungsdicke, Gerüst
		35–40	Edelputz, Reibe-, Kratz- oder Kellenstruktur reinweiß oder mit farbigen Kornzusätzen, 2-lagig, 2 cm Auftragungsdicke, Gerüst
		40–45	Edelputz, Reibe-, Kratz- oder Kellenstruktur reinweiß oder mit farbigen Kornzusätzen, 2-lagig, 3,5 cm Auftragungsdicke, Gerüst
		60–70 %	Lohnkostenanteil
3.9 Verblendmauerwerk	FA	75–110	Sparverblender Hollandformat, offenporig gebrannt, Farbton braunbeige, Gerüst
		85–115	Vollverblender im Hollandformat, offenporig gebrannt, Farbton braunbeige, Gerüst
		95–125	Keramikklinker im Normalformat, hartgebrannt, Farbton rotbraun, genarbt oder besandet, Gerüst

Gewerk/Komponente	Bauzahl	Baupreis €	Beschreibung
		110–135	Keramikklinker im Normalformat, hart gebrannt, Farbton weißcreme, genarbt oder besandet, Gerüst
		50–60 %	Lohnkostenanteil
3.10 Schornstein	lfdm	160–200	Doppelschaliger Kamin, Bims-Mantelsteine,Schamotte-Innenrohr mit Mineralwollisolierung, Abdeckplatte mit eingelassenem V4A-Dehnblech, Reinigungsöffnungen, ohne Kaminkopfverkleidung, 1 Stück Rauchzug 144 cm^2, 1 Stück Lüftungszug 96 cm^2, geeignet für kleineren Heizkessel
		180–230	dito, jedoch 1 Stück Rauchzug 256 cm^2, 1 Stück Lüftungszug 160 cm^2, geeignet z. B. für große Ölheizung oder mittleren Festbrennstoffkessel
		200–260	dito, jedoch 1 Stück Rauchzug 324 cm^2, 1 Stück Lüftungszug 216 cm^2, geeignet für größeren Festbrennstoffkessel
		250–300	dito, jedoch 1 Stück Rauchzug 625 cm^2, 1 Stück Lüftungszug 350 cm^2, geeignet für offenen Kamin oder großen Kaminofen
	m^2	125–180	Kaminkopfverkleidung mit Faserzementplatten
		260–400	Kaminkopfverkleidung mit Verblender, Kragplatte Vormauerwerk, Verfugung

Baukostentabelle Hauptgewerk 4: Dacharbeiten

4.1 Dachstuhlarbeiten	DR	18–22	Nicht ausbaufähiges Dach, Nagelbinderkonstruktion, Dachsparrenlänge bis ca. 7 m
		19–23	Nichtausbaufähiges Dach, Nagelbinderkonstruktion, Dachsparrenlänge bis 9 m
		23–28	Satteldach, ausbaufähig, Pfettendachkonstruktion, Dachsparrenlänge bis ca. 9 m, Dachboden aus Balkenlage auf tragenden Wänden
		25–30	Wie vorstehende Position, jedoch größere Dachsparrenlängen mit größeren Holzquerschnitten
		27–35	Satteldach, ausbaufähig, selbsttragende Konstruktion ohne tragende Wände im Dachgeschoss, Kehlbalkendach, Dachsparrenlänge bis ca. 9 m, Dachboden auf Kehlbalkenlage

Gewerk/Komponente	Bauzahl	Baupreis €	Beschreibung
		35–45	Walmdach, ausbaufähig, Pfettendach-konstruktion, Dachsparrenlänge bis ca. 9 m, Dachboden aus Balkenlage auf tragenden Wänden
		50–70 %	Lohnkostenanteil
4.2 Dachdeckungs-arbeiten	DF	70–95	Flachdach als Warmdachkonstruktion, einschalig, eingearbeitete Dampfsperre mit Ausgleichsschicht, verschweißte mehrlagige Bitumendachhaut, Kiesschüttung, für 180 mm Isolierdicke, Dachentwässerung, Zinkfallrohre
		100–120	Flachdach als Kaltdachkonstruktion, zweischaliger Balkenaufbau, für 180 mm Isolierdicke, Luftschicht mit Entlüftungsöffnungen, verschweißte, mehrlagige Bitumendachhaut, Dachentwässerung
		55–65	Satteldach, Betondachsteine oder Dachziegel, mit entsprechenden Abschlussformsteinen, Zinkrinnen und -fallrohre, Kaminanschluss
		65–80	Wie vorstehender Posten, jedoch zusätzlich mit etwa 3 % der Dachfläche Dachflächenfenster
		55–70	Walmdach, Betondachsteine oder Dachziegel, mit entsprechenden Abschlussformsteinen, Zinkrinnen und -fallrohre, Kaminanschluss
		70–85	Wie vorhergehender Posten, jedoch zusätzlich mit etwa 3 % der Dachfläche Dachflächenfenster
		85–100	Aufwendige Dacheindeckung, wie z. B. Krüppelwalmdach oder Pultdach mit Versatz, Dachgauben oder ca. 3 % der Dachfläche Dachflächenfenster, Sonderziegelformen, verdeckte Dachrinnenführung mit umfangreichen Verschieferungen in Faserzement, Dachentwässerung komplett in Zink
		90–110	Metall-Dacheindeckung, Titanzink 0,7 mm, auf Rauspundschalung, einschließlich aller Verwahrungen, Dachentwässerung, Zubehör
		120–145	Dacheindeckung aus echtem Schiefer, aufwendige Verarbeitung, Dachentwässerung lackiert, Kamm- und Fensteranschlüsse in Blei, Fledermausgauben
		45–65 %	Lohnkostenanteil

BAUKOSTENTABELLEN

Gewerk/Komponente	Bauzahl	Baupreis €	Beschreibung
Baukostentabelle Hauptgewerk 5: Heizungsinstallation			
5.1 Komplette Heizungsanlage (Sammelgewerk)	WH	50–55	Gas-Zentralheizung, Gas-Kesseltherme mit Gaszufuhrsteuerung, Versorgung aus Erdgasnetz, alle erforderlichen Installationen und Sicherheitseinrichtungen, Niedertemperaturheizkörper, Verrohrung in Kupfer
		60–70	Gas-Zentralheizung, Gas-Brennwertkessel mit Gaszufuhrsteuerung, Versorgung aus Erdgasnetz, alle erforderlichen Installationen und Sicherheitseinrichtungen, Niedertemperatur-Heizkörper, Verrohrung in Kupfer
		70–80	Wie vorhergehende Position, jedoch als Fußbodenheizung ausgeführt
		60–75	Öl-Zentralheizung, Ölkessel mit Brenner, Kesselsteuerung für Temperaturbereiche 45–70 °C, Tankanlage aus Kunststoff mit allen Installationen, Kapazität ca. 30 l/m² beheizte Fläche; Niedertemperatur-Heizkörper als Flachheizkörper
		75–90	Öl-Zentralheizung wie bei vorhergehendem Posten, jedoch als Fußbodenheizung, Rohrschlangen aus hochwertigem Material mit langjähriger Herstellergarantie
		90–110	Holzpellets-Zentralheizung, Fußbodenheizung Rohrschlangen aus hochwertigem Material mit langjähriger Herstellergarantie
		1300–1600	Zuschlag für eine Zentralwarmwasseranlage mit Warmwasserboiler ca. 200 l, Edelstahl
		35–40 %	Lohnkostenanteil
5.1.1 Heizkessel	WH	11–15	Gaskessel-Therme für Zentralheizungsbetrieb, mit Rohranteil, Gaszufuhrregelung für konstante Vorlauftemperatur, Kompaktgerät für Wandmontage
		17–23	Brennwertkessel für Zentralheizungsbetrieb, mit Rohranteil, Gaszufuhrregelung für konstante Vorlauftemperatur
		15–20	Ölkessel für Hochtemperaturbetrieb, Stahlausführung, Kesselregelung für Temperaturen von 70–90 °C komplett mit Heizungspumpe und Vierwegemischer, Kessel-

Gewerk/Komponente	Bauzahl	Baupreis €	Beschreibung
			armaturen und Sicherheitseinrichtungen, Ausdehnungsgefäß
		17–22	Wie vorhergehender Posten, jedoch Kessel für Niedertemperaturbetrieb geeignet, Gussausführung, Kesselregelung für Temperaturen von 35–70 °C
		38–45	Holzpelletskessel für Niedertemperaturbetrieb, mit Förderschnecke zur Brennstoffzufuhr, Kesselarmaturen, Ausdehnungsgefäß
		30–40	Wärmepumpe, Luft/Wasser, für mono- oder bivalente Betriebsart, für Lufttemperaturen –20 bis 35 °C, Wasseraustritt 50 °C, Nennleistung 10 kW
	Stück	8500–10000	Heizungsunterstützung und Warmwasserbereitung über Solarwärmemodule, Kollektorfläche 12 m², mit Rohrleitungen, Armaturen und Regelungseinrichtungen
		15–25 %	Lohnkostenanteil
5.1.2 Heizungsrohrleitungen	WH	13–17	Kupferrohrleitungen, gelötet bzw. geklemmt, Querschnitte nach Erfordernis, ohne Isoliermaterialien
		16–20	Kupferrohrleitungen, gelötet bzw. geklemmt, Querschnitte nach Erfordernis, fertig mit umschäumter Isolierung
		22–28	Kunststoff-Mehrschicht-Verbundrohr, mit den benötigten Adaptern und Verbindern, Querschnitte nach Erfordernis
		50–75 %	Lohnkostenanteil
5.1.3 Heizkörper/ -schlangen	WH	11–15	Hochtemperatur-Radiatoren, Stahlblechausführung, Grundierung und Fertiglackierung, Rippenbauform, Absperrventil am Vorlauf, Entlüftungsschraube
		13–17	Wie vorhergehender Posten, jedoch mit Heizkörper-Thermostatventil
		18–22	Niedertemperatur-Radiator/Konvektionsheizkörper, Stahlblechausführung beschichtet, Thermostatventil und Entlüftungsventil
		20–25	Fußboden-Heizschlangen mit Etagenverteilern, Heizschlangen mit 30 Jahren Garantie, Verlegesystem mit Styropor-Isolierhalterungsplatten, sinnvolle Aufteilung der Heizung in Einzelkreise
		20–35 %	Lohnkostenanteil

BAUKOSTENTABELLEN

Gewerk/Komponente	Bauzahl	Baupreis €	Beschreibung
5.1.4 Warmwasser-anlage	Stück	800–1100	Einrichtung für die Warmwasserbereitung über die Zentralheizung, bestehend aus Warmwasserboiler aus emailliertem Stahl-blech, Inhalt 200 l, Anschlüsse und Armaturen für die Ankopplung an den Heizkessel, Thermostat, Zirkulationspumpe mit Zeit-steuerung
		900–1300	Wie vorhergehender Posten, jedoch Boilerinhalt 300 l
		1300–1600	Einrichtung für die Zentralwarmwasser-bereitung über die Zentralheizung, beste-hend aus Warmwasserboiler aus Edel-stahl, Inhalt 200 l, ansonsten wie oben
		1500–2000	dito, jedoch Boilerinhalt 300 l
		200–300	Zusatzpreis für eine elektrische Heiz-patrone für die Warmwassererzeugung ohne Heizkesselbetrieb, Ansteuerung über Thermostatfühler
		4600–6000	Warmwasserbereitung über Solarwärme-module, Kollektorfläche 6 m^2, mit Rohr-leitungen, Armaturen und Regelungs-einrichtungen, Warmwasserspeicher 300 l, Ladepumpe
5.1.5 Tankanlage	WH	14–18	Kunststoff-Heizölbatterietank, Kapazität der Tankanlage ca. 25 l/m^2 beheizte Flä-che, mit allen erforderlichen Anschluss-, Verbindungs-, Füll- und Entlüftungsleitungen
		19–24	Wie vorhergehender Posten, jedoch aus geschweißtem Stahlblech
		30–40	Kugel-Erdtank für Heizöllagerung, Kapa-zität ca. 25 l/m^2 beheizte Fläche, mit Transport und Eingrabungskosten
		25–30	Propan-Lagertank für die Außenaufstellung, mit den erforderlichen Anschluss- und Sicherheitsarmaturen, Fundamentplatte
5.2 Lüftungs-einrichtungen	Stück	8000–10000	Zentrale Lüftungsanlage, ausgeführt als Zu-/Abluftanlage mit Wärmerückgewin-nung, Wickelfalzrohr in abgestufter Anord-nung in vorbereiteten Steig- und Verteil-schächten, Plattenwärmetauscher und Schalldämpfung, Zuluft über 50 m erdver-legte Ansaugleitung mit Ansaughaube, Luftleistung ca. 1200 m^3/h, Heizungsanla-ge kleiner dimensionieren!

Gewerk/Komponente	Bauzahl	Baupreis €	Beschreibung
		4500–6000	Zentrale Lüftungsanlage, ausgeführt als Abluftsystem ohne Wärmerückgewinnung, Verteilsystem Wickelfalzrohr in vorh. Schächten, Absaugung Sanitär- und Küchenräume, Zuluft über Zuluftautomaten in den Außenwänden der Wohn-/Schlafräume, Luftleistung ca. 800 m³/h

Baukostentabelle Hauptgewerk 6: Sanitärinstallation

6.1 Komplette Sanitäranlage (Sammelgewerk)	WS	28–34	Sehr einfache Ausstattungsqualität, Frischwasserleitungen in Kupfer, Abwasserleitungen aus PVC, dezentrale Warmwassererzeugung mit Standard-E-Geräten. Sanitärobjekte in Weiß, Duschbad, einfache Einloch-Mischbatterien, einfache Spiegel und Accessoires
		32–38	Einfache Ausstattungsqualität, Frischwasserleitungen in Kupfer, Abwasserleitungen in PVC, dezentrale Warmwassererzeugung mit E-Geräten; Sanitärobjekte in Standardfarben, einfache Einloch-Mischbatterien, einfache Spiegel und Accessoires
		35–45	Gute Ausstattungsqualität, Frischwasserleitungen aus Kupfer, Abwasserleitungen aus PVC, dezentrale Warmwassererzeugung mit E-Geräten; Sanitärobjekte in Standardfarben mit hochwertigen Einhebel-Mischarmaturen, hochwertige Spiegel und Accessoires
		40–55	Hochwertige Ausstattungsqualität, Frischwasser- und Abwasserleitungen wie oben, dezentrale Warmwassererzeugung mit E-Geräten; Sanitärobjekte aus Standardserien in Sonderfarben, hochwertige Einhebel-Mischarmaturen, hochwertige Spiegel und Accessoires, Duschabtrennung
		50–80	Luxus-Ausstattungsqualität, Frischwasser- und Abwasserleitungssystem wie zuvor; zentrale Warmwasserbereitung, Sanitärobjekte der Sonderserien in Sonderfarben, Kunststoff-Großwanne, hochwertige Einhebel-Mischarmaturen mit besonderer Oberflächenvergütung, Luxus-Spiegel und Accessoires, hochwertige Duschabtrennung

BAUKOSTENTABELLEN

Gewerk/Komponente	Bauzahl	Baupreis €	Beschreibung
6.1.1 Frischwasser-leitungen	WS	8–11	Kupferrohre nach DIN, nicht isoliert, im Wandbereich mit Isolierschläuchen zusätzlich isoliert, Querschnitte nach Erfordernis, gelötet bzw. geklemmt
		10–14	Kupferrohr nach DIN, bereits fertig mit aufgeschäumter Isolierummantelung isoliert, Querschnitte nach Erfordernis, gelötet bzw. geklemmt
		60–70 %	Lohnkostenanteil für die Rohrverlegungsarbeiten
6.1.2 Abwasserleitungen	WS	10–13	PVC-Rohrmaterial, für Innen- und Außenanwendung in den jeweils geeigneten Qualitäten, komplett mit Wand- und Deckenhalterungen und Verbindungselementen
		60–70 %	Lohnkostenanteil für die Rohrverlegungsarbeiten
6.1.3 Wasser-aufbereitung	Stück	240–300	Rückspül-Feinfiltereinrichtung, Rohranschluss, Filterfeinheit 50 Micrometer
		800–1500	Wasserenthärtungseinrichtung, mit Austauschertank, Regeneriereinrichtung, Verschneidungsventilkombination für die Enthärtung harten Trinkwassers auf ca. 4' dH, Montage
		600–900	Dosiereinrichtung für korrosionsinhibierende Wirkstoffe und andere Wasserzusatzchemikalien, Tank, Dosierpumpe und Ventilgarnitur, Montage
6.1.4 Sanitärobjekte	Stück	250–400	Badewanne, Stahlblech emailliert, weiß, 170 cm, Ablaufgarnitur, Einloch-Mischbatterie, einfache Accessoires
		400–500	Wie vorhergehender Posten, jedoch Standardfarbe
		1000–1500	Badewanne, Stahlblech, Sonderform und -farbe, Einhebelarmatur, hochwertiges Zubehör
		1500–2500	Wie vorhergehender Posten, jedoch Kunststoffwanne mit Übergröße, 180 cm, hochwertiger Einhebelmischer, aufwendige Accessoires
		3000–4000	wie vorhergehender Posten, jedoch zusätzlich mit Whirlpool-Anlage (Luftsprudelanlage)

Gewerk/Komponente	Bauzahl	Baupreis €	Beschreibung
	Stück	180–250	Waschtisch, weiß, 60 cm, Einloch-Mischbatterie mit einfachem Spiegel und einfachem Zubehör
		220–300	Wie vorhergehender Posten, jedoch Standardfarbe
		600–1000	Waschtisch, Sonderfarbe, 100 cm, Einhebelmischer, hochwertiger Spiegel und Accessoires
		1000–1500	Wie vorhergehender Posten, jedoch Doppelwaschtischanlage mit 2 Stück Becken 60 cm
		220–260	WC-Kombination, weiß, einfaches Zubehör
		240–270	Wie vorhergehender Posten, jedoch Standardfarbe
		380–450	WC-Kombination, Sonderfarbe, hochwertiges Zubehör
		500–750	Hänge-WC, Sonderfarbe, Wandspülkasten
		200–280	Stand-Bidet, weiß, mit einfacher Einlochbatterie
		250–300	Wie vorhergehender Posten, jedoch Standardfarbe
		480–600	Hänge-Bidet, Sonderfarbe, Einhebelmischer
		180–230	Duschtasse, weiß, einfaches Zubehör, Einlochbatterie
		200–250	Wie vorhergehender Posten, jedoch Standardfarbe
		280–380	Duschtasse, Sonderfarbe, Einhebelmischer
		500–750	Duschtasse, Kunststoffausführung in Sonderform und -farbe, hochwertiger Einhebelmischer
		700–1000	wie vorstehende Position, jedoch in Übergröße, 1000 x 1200 mm, behindertengerecht
		250–350	Duschabtrennung, Aluminiumkonstruktion, Kunstglas, einseitige dreiteilige Schiebetür
		700–1200	Duschabtrennung, hochwertige Aluminiumkonstruktion mit gerundeten Profilen, Eckeinstieg mit zweiseitiger Schiebetür, Spezialglas mit Lotuseffekt
		1000–1600	wie vorstehende Position, jedoch in Übergröße, 1000 x 1200 mm, behindertengerecht
		25–50 %	Lohnkostenanteil

BAUKOSTENTABELLEN

Gewerk/Komponente	Bauzahl	Baupreis €	Beschreibung
6.1.5 Dezentral-Warmwasser	Stück	130–150	Untertisch-Wasserboiler, 5 l, drucklos, mit Eckventil und Anschlüssen, einfache Spültischarmatur
		230–280	Wie vorhergehender Posten, jedoch mit hochwertiger Spültischarmatur
		280–380	Durchlauferhitzer, mit Anschlüssen, 18 KW
		350–420	Wie vorhergehender Posten, jedoch 21 KW
		700–900	Druckspeicher, 15 l, 4 KW, Kupferbehälter mit Anschlüssen und Sicherheitsgruppe, Montage
		400–600	Wie vorhergehender Posten, jedoch druckloser Wasserboiler
		1350–1600	Druckspeicher, 80 l, 6 KW, Kupferbehälter, mit Anschlüssen und Sicherheitsgruppe, Montage

Baukostentabelle Hauptgewerk 7: Elektroinstallation

Gewerk/Komponente	Bauzahl	Baupreis €	Beschreibung
7.1 Komplette Elektroanlage (Sammelgewerk)	WE	24–28	Leitungsverlegung mit Stegleitungen im Putz, in untergeordneten Räumen Feuchtrauminstallation auf Putz, zwei Zählerplätze mit einem Zähler, Fertiginstallation in einfacher Ausführung, Farbe weiß, Ausstattungsstufe 1, ohne Antennen
		29–33	Wie vorhergehender Posten, jedoch Ausstattungsstufe 2
		32–36	Leitungsverlegung in Leerrohren unter Putz, in untergeordneten Räumen Feuchtrauminstallation auf Putz, zwei Zählerplätze mit einem Zähler, Fertiginstallation mit Flächenelementen, Farbe weiß, Ausstattungsstufe 2, ohne Antennen
		40–45	Wie vorhergehender Posten, jedoch Fertiginstallation mit hochwertigen Flächenelementen, mit Metallrahmen
		35–40	Leitungsverlegung in Leerrohren unter Putz, in untergeordneten Räumen Feuchtrauminstallation auf Putz, drei Zählerplätze mit zwei Zählern für zwei Wohneinheiten, Fertiginstallation mit Flächenelementen, Farbe weiß, Ausstattungsstufe 2, ohne Antennen und Spezialeinrichtungen
		44–52	Wie vorhergehender Posten, jedoch Fertiginstallation mit hochwertigen Flächenelementen, mit Metallrahmen

Gewerk/Komponente	Bauzahl	Baupreis €	Beschreibung
		55–65	Wie vorhergehender Posten, jedoch Ausstattungsstufe 3
		65–75 %	Lohnkostenanteil
7.1.1 Leitungsinstallation	WE	12–14	Feuchtrauminstallation auf Putz, Steckdosen mit Klappdeckeln, Kabelführung z. T. in Kunststoffpanzerrohr, Elemente in guter Ausführung, grau
		11–13	Stegleitungsverlegung im Putz, Verteiler- und Elementdosen unter Putz, Ausstattungsstufe 1
		15–17	Wie vorhergehender Posten, jedoch Ausstattungsstufe 2
		17–19	Leerrohrverlegung unter Putz, Ausstattungsstufe 1
		23–26	Wie vorhergehender Posten, jedoch Ausstattungsstufe 2
		27–30	Wie vorhergehender Posten, jedoch Ausstattungsstufe 3
		70–80 %	Lohnkostenanteil
7.1.2 Zählerschrank	Stück	800–1000	Zählerschrank für Unterputzmontage, zwei Zählerplätze, vorbereitet für den Anschluss von einem Zähler, Ausstattungsstufe 1
		1000–1200	Wie vorhergehender Posten, jedoch Ausstattungsstufe 2
		1300–1600	Wie vorhergehender Posten, jedoch Ausstattungsstufe 3
		1100–1300	Zählerschrank für Unterputzmontage, drei Zählerplätze, vorbereitet für den Anschluss von zwei Zählern, Ausstattungsstufe 1
		1300–1500	Wie vorhergehender Posten, jedoch Ausstattungsstufe 2
		1600–1900	Wie vorhergehender Posten, jedoch Ausstattungsstufe 3
7.1.3 Fertiginstallation	WE	6–8	Feuchtrauminstallationselemente, gute Ausführung, Farbe grau oder weiß, Ausstattungsstufe 1
		8–10	Wie vorhergehender Posten, jedoch Ausstattungsstufe 2
		7–8	Fertiginstallationselemente in einfacher Ausführung, Farbe weiß, Ausstattungsstufe 1
		10–11	Wie vorhergehender Posten, jedoch Ausstattungsstufe 2

BAUKOSTENTABELLEN

Gewerk/Komponente	Bauzahl	Baupreis €	Beschreibung
	WE	8–9	Fertiginstallationselemente als Flächenelemente, Farbe weiß, Ausstattungsstufe 1
		11–12	Wie vorhergehender Posten, jedoch Ausstattungsstufe 2
		10–12	Fertiginstallationselemente in hochwertiger Ausführung, Flächenelemente, mit Metallrahmen, Ausstattungsstufe 2
		13–15	Wie vorhergehender Posten, jedoch Ausstattungsstufe 3
		15–25 %	Lohnkostenanteil
7.2 Sonstige Einrichtungen	Stück	25–35	Dimmer, elektronisch, einfache weiße Ausführung
		30–40	Wie vorhergehender Posten, jedoch hochwertige Ausführung mit Metallrahmen
		125–150	Wechselsprecheinrichtung für Anschluss über das Stromnetz, hochwertige Ausstattung, eine Haupt- und eine Nebensprechstelle
		40–50	akustischer Schalter, hochwertige Ausführung
		40–70	Rauchmelder, hochwertige Ausführung
		150–300	wie vorhergehend, Signalübertragung Alarmierung
		150–180	Außenbeleuchtung, einfaches Druckgussgehäuse
		200–300	Außenbeleuchtung, Edelstahlgehäuse
		400–800	Außenbeleuchtung, 3-fach Leuchtkörper
		150–300	Schienensystem einfach, Halogen
		300–500	Schienensystem hochwertig, Halogen
7.3 Antennenanlage	Stück	400–800	Satellitenempfangsanlage für 2 Geräte, hochwertige Satellitenschüssel, Montage
		1000–1500	Hochwertige, digitale Satellitenanlage für sehr hohe Ansprüche bzw. extrem schlechte Empfangslagen, geeignet für mehrere Anschlüsse mit leistungsfähigem Verstärker
7.4 Alarmanlagen	Stück	500–750	Einfache Alarmanlage mit mechanischen Fenster- und Türkontakten, Sirene, Lichtanlage
		1000–4000 und mehr	Hochwertige Alarmanlage mit mechanischen Fenster- und Türkontakten, Infrarotschranken, Sirene, Lichtanlage, 2 Außenkameras mit Langzeit-Videorekorder

Gewerk/Komponente	Bauzahl	Baupreis €	Beschreibung
Baukostentabelle Hauptgewerk 8: Ver- und Entsorgungsanschlüsse			
8.1 Elektroanschluss	Stück	1500–2500	Elektrohauptanschluss, mit Hauptanschlusskabel, Haussicherungskasten, Anschluss der Zähler im Zählerschrank oder auf der Zählertafel, Antrag auf Elektrohausanschluss durch Elektroinstallateur zu stellen. Die Kosten sollten unbedingt beim zuständigen Elektro-Versorgungsunternehmen angefragt werden, da die Anschlussgebühren stark schwanken können. Die Erdarbeiten sollten nach Möglichkeit mit den anderen Hausanschlussarbeiten koordiniert werden → Kostenersparnis
8.2 Gasanschluss	Stück	1300–2000	Stichleitung zum Gasnetz, Hauseinführung, Zählereinrichtung. Da auch hier die tatsächlichen Kosten, u. a. aufgrund vorübergehender Sonderaktionen, sehr stark schwanken können, empfiehlt es sich auch hier, frühzeitig einen konkreten Kostenvoranschlag einzuholen. Die Erdarbeiten sollten nach Möglichkeit mit den anderen Hausanschlussarbeiten koordiniert werden → Kostenersparnis
8.3 Wasseranschluss	Stück	1500–2500	Hauptwasserleitung, Wanddurchführung, Hauptabsperrung und Wasserzähler. Die Kosten sollten unbedingt beim zuständigen Wasserwerk angefragt werden, da die tatsächlich entstehenden Kosten sehr stark schwanken können, abhängig unter anderem vom Netzkosten-Beitrag (Grundstücksgröße). Die Erdarbeiten sollten mit den anderen Hausanschlussarbeiten koordiniert werden, da hierdurch Einsparungen möglich sind.
8.4 Kanalanschluss	Stück	2500–6000 und mehr!	Da die Kanalanschlussgebühren im Allgemeinen zu den Erschließungskosten eines Grundstücks gehören, sollte der Bauherr zunächst prüfen, welche Kosten oder Anteile bereits entrichtet wurden. Die Kosten sind unbedingt bei dem zuständigen Tiefbauamt zu erfragen, da diese sehr stark

Gewerk/Komponente	Bauzahl	Baupreis €	Beschreibung
			schwanken, abhängig von Art und Errichtungsjahr der installierten Kanalisation. Die Erdarbeiten sollten nach Möglichkeit mit den anderen Hausanschlüssen koordiniert werden → Ersparnis
8.5 Spezialentwässerung	Stück	500–750	Pumpensumpf für die Kellerentwässerung von Schmutzwasser (keine Toilettenabwässer) bei hoch liegendem Kanalanschluss, Betonschacht, Pumpe und Abdeckungsblech, Montagearbeiten
		1000–1800	Sanitäranschluss im Kellergeschoss bei sehr hoch liegendem Kanal, Toiletten-, Dusch- und Waschtischentsorgung durch Kompakt-Abwasserhebeanlage, Steuereinrichtung, Montage

Baukostentabelle Hauptgewerk 9: Putz- und Estricharbeiten

Gewerk/Komponente	Bauzahl	Baupreis €	Beschreibung
9.1 Innenputz	Fl	13–17	Maschinenputz auf Gipsbasis 1-lagig auftragen, glätten, filzen, Beiputz der Fenster- und Türleibungen
		16–21	Kalkzementputz als Fliesenuntergrund, 1-lagig, glätten, filzen, Beiputz der Fenster- und Türleibungen
		15–20	Gipskartonverkleidung gemauerter Innenwände, Anbringen der Platten und verfugen
		21–28	Gipskartonverkleidung gemauerter Innenwände mit zusätzlicher Isolierschicht von 35 mm, Anbringen der Platten, ausrichten, verfugen
		60–80 %	Lohnkostenanteil
9.2 Kunststoffzierputz	Fl	14–18	Kunststoffzierputz auf vorhandenen Innenputz aufbringen, Körnung 2–3 mm, Grundierung des Gipsputzes mit Haftgrundvorstrich
		17–22	Kunststoffzierputz auf vorhandenen Innenputz aufbringen, Körnung 4–5 mm, Grundierung des Gipsputzes mit Haftgrundvorstrich
		30–40 %	Lohnkostenanteil
9.3 Innenverblendungen	Fl	50–60	Klinkerriemchen auf vorhandenen Innenputz aufbringen und verfugen, offenporige Verblender in Hollandformat, Farbton beige/braun

Gewerk/Komponente	Bauzahl	Baupreis €	Beschreibung
	FI	55–65	Klinkerriemchen auf vorhandenen Innenputz aufbringen und verfugen, Keramikverblender, hartgebrannt in Rot- und Brauntönen, glatt, genarbt oder besandet
		75–85	Vollverblender im Hollandformat, offenporig gebrannt, Farbton braunbeige, verfugen
		80–95	Keramikklinker im Normalformat, hartgebrannt, Farbton rotbraun, genarbt, verfugt
		65–75 %	Lohnkostenanteil
9.4 Schwimmender Estrich	FB	13–16	Schwimmenden Estrich auf bereits verlegte Fußbodenheizung aufbringen, ohne Isolierung, Randstreifen, 45 mm Zementestrich
		18–22	Schwimmender Estrich auf Ölpapier, Isolierung zweimal 15/20 Trittschalldämmung, Randstreifen, 50 mm Zementestrich
		21–26	Schwimmender Estrich auf Ölpapier, Isolierung zweimal 20/25 Trittschalldämmung, Randstreifen, 50 mm Zementestrich
		28–35	Schwimmender Estrich auf Ölpapier, Isolierung zweimal 20/25 Trittschalldämmung, Randstreifen, 50 mm Heißgussasphalt, schnell nutzbar
		30–37	Trockenestrich aus Gipskartonplatten 25 mm, Perlite-Dämmschüttung für Trittschall- und Wärmedämmung, Randdämmung,
		28–33	Trockenestrich aus Holzspanplatten 19 mm, verleimt, Trittschalldämmung Mineralfaser 15 mm
		50–70 %	Lohnkostenanteil
9.5 Verbundestrich	FB	13–16	Verlegen von Verbundzementestrich 40 mm
		14–17	Verlegen von Verbundzementestrich 50 mm
		65–75 %	Lohnkostenanteil
9.6 Ausgleichsspachtelung	FB	7–10	Ausgleichsspachtelung aufbringen und glätten, mittlere erforderliche Schichtdicke 1,5 mm
		40 %	Lohnkostenanteil

BAUKOSTENTABELLEN

Gewerk/Komponente	Bauzahl	Baupreis €	Beschreibung
Baukostentabelle Hauptgewerk 10: Abdichten, Dämmen und Isolieren			
10.1 Sperrputz	m²	22–30	Spritzbewurf als Haftgrundierung, zwei-lagiger Zementputz, Hohlkehle am Fuß, fein geglättet für die Aufbringung von Bitumen-anstrichmittel
		38–46	wie vorhergehende Position, jedoch mit einer Wärmedämmung aus extrudierten Polystyrol-Dämmplatten, 50 mm, Stöße armiert
10.2 Vertikalabdichtung	m²	18–25	Dreifacher Bitumenanstrich 3 x 300 g/m² von Hand aufgetragen, Zwischentrock-nung
10.3 Dränsysteme	m²	12–15	Bitumenbahnen 333er lose über dem An-strichbereich hängend angebracht, rein me-chanischer Verfüllschutz des Dickanstrichs
		16–22	Dränplatten im Verfüllungsbereich anbrin-gen, mechanischer Schutz des Dichtungs-anstrichs mit zusätzlicher Dränfunktion von Sickerwasser
		25–40	Vormauerung spezieller poröser Dränsteine im Bereich des Isolieranstrichs, nur bei hohen Anforderungen erforderlich
10.4 Dachisolierungen	DF	17–22	Anbringen von Mineralwollisolierung 160 mm zwischen den Dachsparren bei ausgebautem Dachgeschoss, Alukaschie-rung nach innen
		20–26	Wie vorhergehender Posten, jedoch Isolier-stärke 200 mm
		28–34	Anbringen von Polystyrolschaum-Spezial-formteilen, zwischen den Dachsparren einklemmbar, Isolierstärke 160 mm, keine separate Wasserdampfsperre erforderlich
		32–40	Wärmedämmung mit Schilfrohrplatten, versetzte Stöße, Dämmung 150 mm dick, 3-lagig
		34–40	Wärmedämmung mit Baumwolle-Dämm-bahnen, dicht und fugenlos verlegt, 1-lagig, 180 mm
		18–23	Einblasdämmung mit Zellulose-Fasern zwischen die Sparren lückenlos eingebla-sen, 200 mm Dämmdicke
		25–40 %	Lohnkostenanteil

Gewerk/Komponente	Bauzahl	Baupreis €	Beschreibung
10.5 Außenwand-isolierung	FA	8–10	Mineralwollisolierung bei hinterlüfteter Klinkerfassade, Isolierstärke 60 mm, Anbringen der Isolierung in den Verblendungskosten enthalten
		10–12	Wie vorhergehender Posten, jedoch Isolierstärke 80 mm
		9–11	Mineralwollisolierung als Kerndämmung (keine Luftschicht hinter der Klinkerfassade), Isolierstärke 60 mm, Anbringen der Isolierung in den Verblendungskosten enthalten
		11–13	Wie vorhergehender Posten, jedoch Isolierstärke 80 mm
		10–12	Perlite-Schüttung als Kerndämmung, Isolierstärke 80 mm, Einfüllen des Materials in den Mauerhohlraum in den Verblendungskosten enthalten
10.6 Isolierschaum	UR	0,1–0,3	Isolierschaumbedarf bei begrenzter Eigenleistung (ansonsten in den Gewerkskosten enthalten), Verschluss von Durchbrüchen und Wandanschlüssen
		0,3–0,5	Isolierschaumbedarf bei umfangreicher Eigenleistung, Einbau der Bauelemente (Innentüren, Fenster, Außentür) und sonstige Abdichtungsarbeiten
10.7 Fugendichtungs-mittel	UR	0,2–0,3	Fugenabdichtungsmittelbedarf bei beschränkter Eigenleistung im Sanitärbereich
		0,5–1,2	Fugenabdichtungsmittelbedarf bei umfangreicher Eigenleistung im Bereich Sanitär und Versiegelung von Elementen, Außenfenstern und Außentüren
10.8 Rohrisolierungen	WH	0,3–0,4	Rohrisolierungen im Heizkeller, dezentrale Warmwasserversorgung, Wanddurchführungen von Einzelrohrleitungen, Ringleitung unter der EG-Decke
		1–2	Rohrisolierungen im Heizkeller, Zentralwarmwasserleitungen, Heizungsleitungen im Estrich verlegt und isoliert, Rohrleitungs-Wanddurchführungen

Baukostentabelle Hauptgewerk 11: Türen, Fenster, Treppen

11.1 Eingangstürelement	Stück	800–1000	Einfaches Holzelement, Türblattstärke 55 mm, Schichtkonstruktion, mit Lichtaus-

BAUKOSTENTABELLEN

Gewerk/Komponente	Bauzahl	Baupreis €	Beschreibung
	Stück		schnitt, einfache Iso-Verglasung, einfacher Türbeschlag, Zylinderschloss, Gesamtbreite 1,1 m
		1000–1300	Einfaches Aluminium- oder Kunststofftürelement, Metallelement ohne Rahmendämmung, Lichtausschnitt, Iso-Verglasung, einfacher Türbeschlag, Zylinderschloss, Gesamtbreite 1,1 m
		1800–2300	Aluminium- oder Kunststofftürelement, wärmegedämmt, Isolierverglasung, Türdrücker aus Metall, Zylindersicherheitsschloss, Gesamtbreite 1,5 m
		2900–4300	Hochwertiges Aluminium-Türelement, wärmegedämmt, aufwendige Verarbeitung der Türflächen, Sicherheitsbeschläge, Gesamtbreite 2 m
		150–300	Einbaukosten ohne Beiputzarbeiten
11.2 Kelleraußentür	Stück	240–320	Kunststoffbeschichtete Metalltür in leichter Bauart, Zylinderschloss
		400–500	Holztürelement, stabile Ausführung, Blattdicke ca. 45 mm, Lichtausschnitt mit Drahtglaseinsatz, Zylindersicherheitsschloss
		75–100	Einbaukosten ohne Beiputzarbeiten
11.3 Brandschutztür	Stück	380–450	Metalltürelement, T30, grau, kunststoffbeschichtet
		650–800	Metalltürelement, T90, grau, kunststoffbeschichtet
		75–100	Einbaukosten ohne Beiputzarbeiten
11.4 Garagentor	Stück	400–500	Blechgaragentor, einfach, kunststoffbeschichtet, Schwingmechanismus, Sicherheitsschloss
		1400–1900	Blechgaragentor, einfach, kunststoffbeschichtet, Rolltormechanismus, Sicherheitsschloss
		2300–3000	wie vorstehende Position, jedoch für Doppelgarage
		150–350	Einbaukosten
11.5 Innentüren	Stück	220–260	Innentür, kunststoffbeschichtet, einfache Qualität, Stahlzarge
		320–400	Echtholztür, gute Qualität, Edelholzzarge, Eiche natur oder gebeizt
		550–800	Innenholztür aus Echtholz, als Wohnungstür, schallgedämmt, Stahlzarge, einbruchhemmende Türbeschläge

Gewerk/Komponente	Bauzahl	Baupreis €	Beschreibung
		600–900	Schiebetür, vor der Wand laufend, Echtholz, mit Beschlägen
		500–850	Edelholzstiltür, gehobene Ausstattung, Nussbaum- oder Teakfurnier, Aufleistungen
		750–1200	Edelholzstiltür, aufwendige Ausführung, Sonderabmessungen, Lichtausschnitt, Aufleistungen
		600–800	Ganzglastür, Sicherheitsglas, Kunststoffgriff
		50–200	Einbaukosten je nach Ausführung
11.6 Außenfenster	FW	230–300	Nadelholzfenster, einfache Ausführung, Isolierverglasung, einfache Gummidichtung, Drehkipp-Fensterbeschläge, lasiert
		250–350	Hartholzfenster, hochwertige Isolierverglasung, Doppel-Gummidichtung, verdeckte Drehkipp-Qualitätsbeschläge für Einhandbedienung, lasiert
		280–380	Kunststofffenster in guter Qualität, lichtbeständige Einfärbung, Doppel-Isoverglasung, verdeckte Drehkipp-Qualitätsbeschläge für Einhandbedienung
		330–430	Wie vorhergehender Posten, jedoch Dreifach-Isolierverglasung
		380–430	Aluminiumfenster, wärmegedämmte Rahmen, zweifach Isolierverglasung, Einhandbeschläge, eloxiert
		430–480	Wie vorhergehender Posten, jedoch Dreifach-Isolierverglasung
		80–100	Einbaukosten ohne Beiputz und Versiegelung
11.7 Rollläden	FW	80–100	Kunststoffrollläden, grau bzw. beige gefärbt, gute Qualität
		130–160	Holz- bzw. Leichtmetallrollläden, hochwertige Ausführung, mit Einbruchsicherungen
		30–38	Einbaukosten, je nach Ausführung
11.8 Kellerfenster	FK	130–160	Drahtgitterfenster, Kunststoffglaseinsatz, mit Beton-Einbaurahmen
		200–230	Einfachkunststofffenster, Einfachverglasung, mit Fertigeinbaurahmen
		370–400	Aluminiumelement, eloxiert, Isolierverglasung, Drehkipp-Beschlag
		35–50	Einbaukosten

Gewerk/Komponente	Bauzahl	Baupreis €	Beschreibung
11.9 Innentreppen	Geschoss	2800–3600	Fertigeinbautreppe, Stahlwangen mit Stahlharfe, Treppenstufen aus schichtverleimtem Holz mit Stark-Deckfurnier Eiche oder Buche, Korrosionsschutzgrundierung, $1/2$ oder $1/4$ gewendelt, normale Stufenbreite
		3400–4200	Fertigeinbautreppe, Stahlwangen mit Stahlharfe, Treppenstufen aus massivem Holz in Eiche oder Buche, Korrosionsschutzgrundierung, $1/4$ oder $1/2$ gewendelt, normale Stufenbreite
		4400–5200	Massivholzeinbautreppe, Wangen und Treppenharfe in Eiche oder Buche, verzierte Handläufe und Geländer, $1/4$ oder $1/2$ gewendelt, normale Stufenbreite
		3800–4500	Fertigeinbautreppe, Stahlwangen und Stahlharfe, Treppenstufen aus Marmor oder Granit, Korrosionsschutzgrundanstrich, $1/2$ oder $1/4$ gewendelt, normale Stufenbreite
		6000–8000	Steineinbautreppe, Stahlwangen, aufwendige Verarbeitung, Sonderform, großzügig angelegt mit Stufenüberbreite, geschmiedete Ziergeländer
11.10 Bodentreppe		230–300	Holzeinschubtreppe, Öffnungsgröße 70 x 140 cm, lasiert mit Metallgeländer
		350–450	Bodeneinschubtreppe, Leichtmetallleiter in hochwertiger Verarbeitung, Öffnungsgröße 70 x 140 cm
		75–100	Einbaukosten

Baukostentabelle Hauptgewerk 12: Fliesen- und Steinarbeiten

12.1 Bodenfliesen	FB	40–55	Einfachfliesen, unifarben oder farbnuanciert, nicht frostsicher, 10 x 20 cm, Dünnbettverlegung
		47–60	Mosaikfliesen, Einfachfarben oder gemustert, auf Papierrücken als Verlegehilfe, nicht frostsicher, Dünnbettverlegung
		58–75	Glas-Mosaikfliesen, in modischen Sonderfarben, nicht frostsicher, Dünnbettverlegung
		50–65	Keramikfliesen, heller Beigeton, Großformat 30 x 30 cm, Dünnbettverlegung
		70–80	Keramikfliesen, Handformstrukturierung, ungleichmäßige Ränder, bis 30 x 30 cm, Dünnbettverlegung

Gewerk/Komponente	Bauzahl	Baupreis €	Beschreibung
		90–130	Hochwertige Bodenfliesen in Übergröße bis ca. 60 x 60 cm, Composit-Material, Mittelbett
		32–45	Zuschlag für Verlegung im Mörtelbett
		8–12	Lohnkosten für Verlegung
12.2 Wandfliesen	FI	40–55	Einfachfliesen, bis 15 x 15 cm, pastellfarben, unifarben oder Einfachmuster, Dünnbett
		55–65	Keramikwandfliesen, Mittelformat bis 25 x 25 cm, mit Einzelmotivfliesen, seidenmatte Oberfläche, Dünnbettverlegung
		58–75	Glas-Mosaikfliesen, in modischen Sonderfarben, nicht frostsicher, Dünnbettverlegung
		57–70	Keramikwandfliesen, Mittelformat bis 25 x 25 cm, mit Großmotiven über mehrere Einzelfliesen, Dünnbettverlegung
		90–130	Hochwertige Wandfliesen im Großformat bis ca. 50 x 50 cm, handgemalte Einzelmotive, Mittelbettverlegung
		8–12	Zuschlag für Verlegung im Mörtelbett
		32–45	Lohnkosten für Verlegung
12.3 Innen-Fensterbänke	LF	18–25	Kunststoffbeschichtete Spanplatten, ca. 30 mm stark, Marmorimitation
		23–35	Marmorfensterbänke, Travertin o. Ä., 20 mm stark, eingemörtelt in Fensteröffnung, ohne Beiputz
		45–60	Granitfensterbänke, schwarz/braun, 20 mm stark, eingemörtelt in Fensteröffnung, ohne Beiputz
12.4 Außen-Fensterbänke	LF	20–25	Aluminiumfensterbänke, eloxiert, mit Einbau
		28–35	Marmorfensterbänke, Dolomit, 20 mm stark, eingemörtelt in Fensteröffnung
		42–50	Granitfensterbänke, schwarz/grau, 20 mm stark, eingemörtelt in Fensteröffnung, ohne Versiegelung
		50–60	Granitfensterbänke, braun/rot, 20 mm stark, eingemörtelt in Fensteröffnung

BAUKOSTENTABELLEN

Gewerk/Komponente	Bauzahl	Baupreis €	Beschreibung
Baukostentabelle Hauptgewerk 13: Holzverkleidungen			
13.1 Wand-, Decken-beläge	FI, FD	28–35	Fichte/Tanne, Normalprofil, unbehandelt, mit Unterkonstruktion aus imprägnierten Dachlatten
		30–37	Kiefer, Normalprofil, unbehandelt, mit Unterkonstruktion aus imprägnierten Dachlatten
		38–45	Red Cedar, Normalprofil, unbehandelt, mit Unterkonstruktion aus imprägnierten Dachlatten
		28–35	Wandpaneele, hochwertig foliert mit Holzdekor, Unterkonstruktion aus imprägnierten Dachlatten
		35–40	Paneelkassetten, z. B. 90 x 30 cm, edelholzfurniert inkl. Stoßkanten, mit loser Kunststoffeder-Unterkonstruktion aus imprägnierten Dachlatten
		55–70	Profilkassetten mit Massivholzaufleistungen, edelholzfurniert, z. B. Eiche, Kiefer, Teak, Mahagoni u. Ä., Unterkonstruktion aus imprägnierten Dachlatten
		18–25	Verlegekosten
13.2 Parkett-, Laminatböden	FB	30–35	Laminatboden, Holzfarbig, glatt, Klick-System, Nutzungsklasse 31, PE-Folie, Trittschalldämmung 2 mm, 7 mm stark, schwimmend verlegt
		38–45	Laminatboden, hochwertig, strukturiert, Klick-System, Nutzungsklasse 32, PE-Folie, Trittschalldämmung 2 mm, 8 mm stark, schwimmend verlegt
		45–52	Fertigparkett, Eiche hell, Klick-System, ohne Leim, PE-Folie, Trittschalldämmung 3 mm, 8 mm stark, schwimmend verlegt
		55–70	Fertigparkett, Schiffsboden-Optik, 15 mm, auf vorhandenem Estrich schwimmend verlegt, Trittschalldämmung, Nut/Feder verleimt, versiegelt,
		55–70	Landhaus-Dielenboden, Esche, 15 mm, auf vorhandenem Estrich schwimmend verlegt, gewachst, Nut/Feder verleimt, Trittschalldämmung
		25–30	Verlegekosten

Gewerk/Komponente	Bauzahl	Baupreis €	Beschreibung
13.3 Abschlussleisten	RU	5–6	Flachleiste, Limba massiv, 4 x 0,5 cm, einseitig abgerundet, ohne Fertigbehandlung
		5–6	Viertelstableiste, Limba massiv, 1,5 x 1,5 cm, ohne Fertigbehandlung
		6–7	Viertelstableiste, Limba massiv, 1,5 x 1,5 cm, foliert in den gängigen Holzfarben
		8–9	Kniewinkelleiste, foliertes Massivlimba, je 3 x 0,5 cm Schenkelmaß, gängige Holzfarben
		8–10	Massivholz-Hohlkehlleiste, Limba, 3 x 3 cm, ohne Fertigbehandlung
		9–12	Massivholz-Winkelleiste, 3 x 3 cm, mit geschnitzten Verzierungen, ohne Fertigbehandlung

Baukostentabelle Hauptgewerk 14: Malerarbeiten

Gewerk/Komponente	Bauzahl	Baupreis €	Beschreibung
14.1 Tapeten	FI, FD	4–5	Einfachtapete, dünnes Papier, gemustert
		5–6	Papiertapete, dickes Papier, gemustert,
		6–7	kräftige Papiertapete, abwaschbar ausgerüstet
		6–7	Prägetapete kunststoffbeschichtet, dickes Material
		8–10	Textiltapete, einfache Ausführung, Streifenmuster
		9–11	Textiltapete, hochwertige Ausführung, Streifenmuster
		11–18	Glasfasertapete, sehr widerstandsfähiges Material
		8–12	Korktapete, ca. 2 mm dicke Korkschicht auf Trägerpapier
		60–80 %	Lohnkostenanteil, je nach Materialkosten
14.2 Raufaser	FI, FD	4–5	Einfaches Raufasermaterial, nicht gestrichen
		5–7	Hochwertige Raufasertapete, vorgestrichen
		70–80 %	Lohnkostenanteil
14.3 Wandflächenanstrich	FI, FD	2–3	Makulatur-Haftvermittleranstrich
		3–5	Wandanstrich mit einfacher Wandfarbe, weiß oder mit Abtönfarben farbig getönt, nicht abwaschbar

BAUKOSTENTABELLEN

Gewerk/Komponente	Bauzahl	Baupreis €	Beschreibung
		4–6	Wandanstrich mit hochwertiger Latex-farbe, weiß oder farbig abgetönt, abwaschbar, scheuerbeständig
		70–80 %	Lohnkostenanteil
14.4 Holzflächenanstrich	m²	8–16	Lasur von Profilholzverbretterungen, einfach vor der Montage, einfach im fertigen Zustand, hochwertige Holzlasuren
	m²	18–28	Lackanstrich von Fenstern oder Türen, Schleifen, Grundierung mit Vorstreichfarbe, Zwischenschliff, Endlackierung
	m²	7–13	Großflächiger Holzschutzanstrich von Balken, Brettern, Bohlen usw. im Freien
		70–80 %	Lohnkostenanteil ohne Material

Baukostentabelle Hauptgewerk 15: Schlosserarbeiten

Gewerk/Komponente	Bauzahl	Baupreis €	Beschreibung
15.1 Treppengeländer	m²	140–190	Treppengeländer aus vorgefertigten Schmiedeeisenteilen, Handlauf mit Stütz-pfosten und Füllstäben, glatt oder gedreht
		175–230	Wie vorhergehender Posten, jedoch Edelstahl
		165–210	Aufwendiges Treppengeländer aus vorge-fertigten Schmiedeeisenteilen, verzierter Handlauf mit Stützpfosten und Füllstäben mit Ornamenten und sonstigen Ver-zierungen
		200–250	Wie vorhergehender Posten, jedoch Edelstahl
15.2 Fenster- oder Türgitter	m²	80–110	Ziergitter aus Vierkantstäben in schlichter Aufmachung mit glatten Füllstäben, Stahl
		100–130	Wie vorhergehender Posten, jedoch Edelstahl
		150–230	Ziergitter mit reich verzierter Füllung, vorgefertigte Ornamentstücke, Stahl
		180–250	Wie vorhergehender Posten, jedoch Edelstahl
15.3 Sonstiges	Stück	900–1300	Vordach als Edelstahl-/Glaskonstruktion, Edelstahlbefestigungselemente, Verbund-Sicherheitsglas, Edelstahl-Rohrkonstruk-tion, 150 x 80 cm

Gewerk/Komponente	Bauzahl	Baupreis €	Beschreibung
Baukostentabelle Hauptgewerk 16: Teppiche und Kunststoffböden			
16.1 Teppichböden	FB	14–20	Nadelfilzbelag, verschiedene Farben, strapazierfähiges Material, ohne Rücken-belag
		18–24	Schlingenware, 100 % Polyamid, leicht gemustert, wenig strapazierfähiges Material, dünner Schaumstoffrücken
		20–25	Veloursteppichboden, Polyamid, robuste und kurz geschnittene Qualität, verschiedene Farben mit Kompaktschaumrücken
		22–28	Schlingenware in Naturfarben, Schurwolle, sehr strapazierfähige und dichte Qualität
		33–39	Berberschlingenware, Schurwolle, sehr dichte und komfortable Qualität, Juterücken, naturlatexverleimt
		38–50	Auslegeware, hochwertiges Markenfabrikat, beste, strapazierfähige Qualität, Schmutz abweisend ausgerüstet, modische Farbtöne,
		6–9	Verlegekosten
16.2 Kunststoff-Bodenbelag	FB	12–15	Einfacher, sehr dünner PVC-Boden-belag, einfarbig bzw. klein gemustert
		14–17	PVC-Bodenbelag mit aufgedrucktem Fliesensenmuster, sehr abriebfest und strapazierfähig
		17–25	PVC-Bodenbelag mit eingeprägtem Fliesenmuster in verschiedenen natürlichen Farbkombinationen, sehr strapazierfähiges Material
16.3 Teppichkleber	FB	2–3	Wiederaufnahmekleber, wasserlöslich, nachträglich leicht wieder zu entfernen
16.4 Fußbodenleisten	RU	6–7	PVC-Fußbodenleisten, grau oder weiß, 5 mm dick
		8–9	MDF-Fußbodenleisten, edelholzfarbig foliert, Abmessungen 60 x 10 mm
		11–13	Massivholz-Fußbodenleisten, geschliffen, geeignet für Lackierung, Abmessungen 60 x 10 mm
		13–15	Edelholzfußleiste, massiv, aufwendiges Profil

BAUKOSTENTABELLEN

Gewerk/Komponente	Bauzahl	Baupreis €	Beschreibung
16.5 Türschwellenleisten	Stück	7–8	Kunststoffleiste, grau, 1 m lang
		10–14	Messingleiste, goldfarbig oder verchromt, 1 m
		15–22	Messingleiste, goldfarbig oder verchromt, 2 m

Baukostentabelle Hauptgewerk A 119617: Außenanlagen

Gewerk/Komponente	Bauzahl	Baupreis €	Beschreibung
17.1 Platten-/Pflaster-arbeiten	m²	45–55	Betonplatten ca. 30 x 30 cm im Sandbett verlegt, Unterbau 25 cm ausgekoffert, mit Kies verfüllt, verdichtet, mit Sand aufgefüllt und abgezogen, Farbe Grau
		50–65	Strukturplatten ca. 30 x 30 cm im Sandbett verlegt, Unterbau 25 cm ausgekoffert, mit Kies verfüllt, verdichtet, mit Sand aufgefüllt und abgezogen, Farben: Grau, Braun, Rot
		50–70	Verbundpflaster, verschiedene Ornamente, 8 cm stark im Sandbett verlegt, Unterbau 30 cm ausgekoffert, mit Kies verfüllt, verdichtet, mit Sand aufgefüllt und abgezogen
		30–40	Lohnkostenanteil pro Einheit (€)
		90–110	Verbundpflaster, verschiedene Ornamente, 6 oder 8 cm stark im Sandbett verlegt, Unterbau ca. 40 cm ausgehoben und verdichtet, Betonplatte ca. 10 cm stark mit leichter Bewehrung herstellen, Sand in ca. 5 cm Stärke aufbringen und abziehen
		50–70	Lohnkostenanteil pro Einheit (€)
		110–150	Keramikplatten, im Mörtelbett verlegt, Format ca. 30 x 30 cm, frostsicher, raue Oberfläche, Unterbau ca. 40 cm ausgehoben und verdichtet, Betonplatte ca. 10 cm stark mit leichter Bewehrung herstellen und plan abziehen
		65–90	Lohnkostenanteil pro Einheit (€)
17.2 Garage, Carport	Stück	1800–2800	Carport, einseitig an den Baukörper angebaut, zimmermannsmäßige Holzkonstruktion, Dach aus Plexiglas grün oder weiß, Grundfläche 6 x 3 m, Punktbetonfundamente

Gewerk/Komponente	Bauzahl	Baupreis €	Beschreibung
	Stück	2500–3500	Carport, freistehend, zimmermanns-mäßige Holzkonstruktion, Eindeckung mit Stegplatten, Grundfläche 6 x 3 m, Punktbetonfundamente
		2000–3500	Fertigeinzelgarage, Stahlblechkonstruktion, verzinkt, Grundfläche 5,5 x 2,75 m, Punktbetonfundamente
		3200–6000	Fertigeinzelgarage, Stahlbetonkonstruktion, selbsttragend, nur Punktfundamente erforderlich, Wände mit Waschbetoneffekt außen, innen verputzt, Stahlblechtor, Grundfläche 6 x 3 m, Dachentwässerung, Dachabdichtung durch verschweißtes Bitumen
		4000–6500	Wie vorhergehender Posten, jedoch mit zusätzlichem Abstellraum, separater Nebeneingang, Grundfläche 7,5 x 3 m
		6000–10000	Konventionell errichtete Einzelgarage 6 x 3 m, Flachdach mit Entwässerung, verputzt, Innenputz und Verbundestrich, statisch erforderliche Streifenfundamente, Stahlblechtor und Stahlfenster
		10000–15000	Wie vorhergehender Posten, jedoch als Doppelgarage, 5 x 6 m
17.3 Einzäunungen	m	25–33	Maschendrahtzaun, kunststoffummantelte Pfosten, 1,5 m hoch, eingezogener kunststoffummantelter Maschendraht, Farbe grün
		40–55	Friesen- oder Bretterzaun, Holzpfosten, alle Holzteile kesseldruckimprägniert, braun, 80 cm hoch
		130–160	Betonbegrenzungsmauer, mit Fundament ca. 1,2 m hoch, Dichtungsputz, Kanten angefast, Dehnfugen
		200–250	Gartenmauer, Ziegelmauerwerk mit Betonabdeckplatten, 1 m hoch, 0,7 m Fundament, sauber gefugt
		400–600	Wie vorhergehender Posten, jedoch die obere Hälfte der Mauer als Säulenmauer ausgebildet, mit Ausfachungen in Schmiedegitter, feuerverzinkt, Säulen mit Abdeckplatten

Mögliche Eigenleistungen

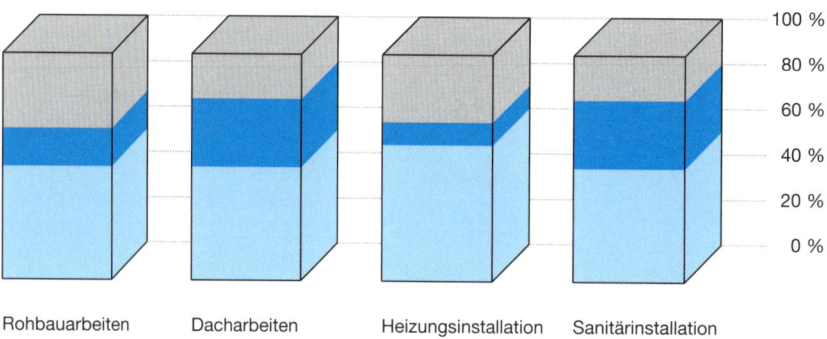

Rohbauarbeiten   Dacharbeiten   Heizungsinstallation   Sanitärinstallation

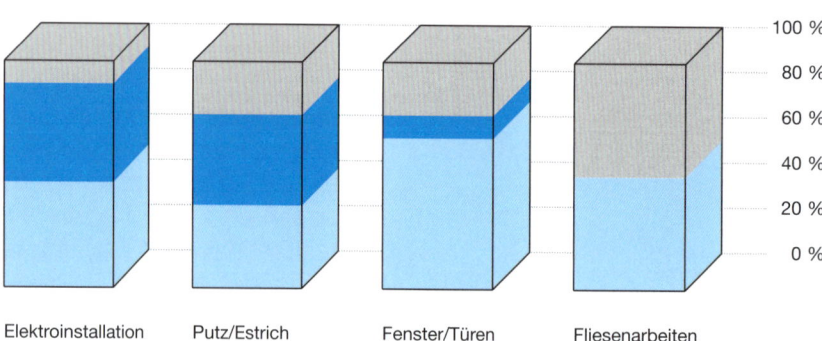

Elektroinstallation   Putz/Estrich   Fenster/Türen   Fliesenarbeiten

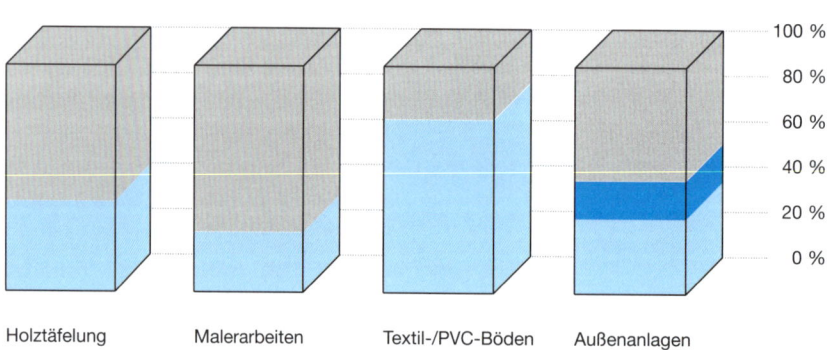

Holztäfelung   Malerarbeiten   Textil-/PVC-Böden   Außenanlagen

Anteil der möglichen Eigenleistung an den Gewerkskosten

Anteil des üblicherweise erforderlichen Handwerkereinsatzes

Anteil der Materialkosten an den Gewerkskosten

Der Kostenplan

Die Möglichkeiten des Kostenplans

Um ungeplante Kostenüberschreitungen am Bauprojekt zu vermeiden, müssen die Geldausgaben – die Istkosten – laufend kontrolliert werden. Eine wirksame Kontrolle der tatsächlich ausgegebenen Gelder ist aber nur möglich, wenn feststeht, für welche Leistungen welche Summen ausgegeben werden dürfen. Das verfügbare Budget muss also definiert sein.

Es reicht jedoch keinesfalls aus, das Budget in einer Summe oder in Form nur weniger Kostenblöcke festzulegen:

Beispiel	
Planung/Nebenkosten	18 000 €
Rohbaukosten	90 000 €
Installationen	38 000 €
Ausbau	55 000 €
Außenanlagen	21 000 €
Gesamt-Baukosten	222 000 €

Diese (siehe Beispiel) Aufteilung der Gesamtkosten ist viel zu grob, um mit einer wirksamen Kostenkontrolle anzusetzen. Da die Istkosten nicht gleichmäßig verteilt über die Bauzeit anfallen, kann man während der Bauphase keine realistische Aussage zum aktuellen Kostenstand der Baumaßnahme treffen.

Der Einstieg in eine effektive Kostenkontrolle erfordert die transparente Aufteilung des großen Gesamtkostenblocks in viele kleine, jeweils für sich getrennt kontrollierbare »Kostenhäppchen« – und das bereits in der Planungsphase. Die frühzeitige Aufteilung der Kosten bietet Ihnen als Bauherrn einige entscheidende Vorteile:

● Damit Sie die Baukosten detailliert den Gewerken zuordnen können, werden Sie sich intensiv mit den verschiedenen Baustoffen, den Konstruktionsweisen und den damit verbundenen Kosten beschäftigen. Je früher Sie das tun, umso besser sind Ihre Möglichkeiten der Einflussnahme auf die Kostensituation. Jeder zusammen mit dem Architekten getroffenen technischen Entscheidung sollte die Prüfung der Kostenauswirkungen vorangestellt werden. Entscheiden Sie kostenbewusst!

● Jedes Gewerk besitzt einen kontrollierbaren Kostenrahmen. Mit Abschluss eines Gewerks können Sie sofort beurteilen, ob der geplante Kostenrahmen eingehalten wurde. Frühzeitige Kostenergebnisse in den einzelnen Gewerken führen zu belastbaren Zwischenergebnissen in der Beurteilung der Gesamtmaßnahme.

Vertrauen ist gut …
Kontrolle besser

Vorteile des
Kostenplans

KOSTENPLANUNG

Passt der Auftrag in meinen Kostenrahmen?

- Da mit dem detaillierten Kostenplan für jedes Gewerk oder Teilgewerk ein eigener Kostenrahmen vorgegeben ist, steht meist schon vor der Beauftragung dieser Leistung bzw. vor dem Einkauf des gewünschten Materials fest, ob die Kosten des Gewerks eingehalten werden. Eine Verfehlung des Kostenziels erkennen Sie damit sehr früh, was Ihnen die Möglichkeit zum Gegensteuern ohne großen Zeitverlust eröffnet.

Während der Bearbeitung von Kostenplan und Raumbuch werden Sie die qualitativen Aspekte aller Gewerke, insbesondere der Ausbaugewerke durchleuchten.

- Welche Materialien möchte ich einsetzen?
- Welche Farbe und Oberflächenbeschaffenheit sollen Boden- und Wandbeläge besitzen?
- Welche Sanitärobjekte entsprechen unseren Vorstellungen?

Materialien exakt festlegen

All diese Entscheidungen müssen in die vom Architekten aufgestellten Ausschreibungen einfließen. Ein detailliert geführtes Raumbuch ist dem Architekten dabei eine große Hilfe. Er kann auf zeitraubende Gespräche zur Abklärung der Details verzichten. Sie haben auf der anderen Seite Ihre Vorstellungen sauber dokumentiert. Werden anschließend von den Lieferanten und Handwerkern Alternativen zu den ausgeschriebenen Materialien angeboten, können Sie aufgrund Ihrer guten Vorinformation schnell eine fundierte Auswahl treffen. Neben dem technischen Für und Wider der Angebotsalternativen können Sie den Einfluss auf Ihre Baukosten leicht bewerten.

Aufstellung des Kostenplans

Über 100 Gewerke, damit nichts vergessen wird

Die Baukostentabellen sind in Hauptgewerke (HG) und Gewerke gegliedert. Den 17 Hauptgewerken sind über 100 Gewerke zugeordnet. Diese recht detaillierte Kostenstruktur können Sie für die Aufstellung Ihres Kostenplans direkt verwenden. Sie können natürlich die Reihenfolgen ändern oder eigene Hauptgewerke und Gewerke zusätzlich definieren. Für den weniger erfahrenen Bauherrn ist das Fehlen einer passenden Baukostentabelle dann natürlich nachteilig.

Zur praktischen Durchführung finden Sie am Ende des Buchs eine Kopiervorlage für den Kostenplan. Für jedes Gewerk legen Sie einen solchen Bogen an. Beschriften Sie ihn mit der Bezeichnung von Hauptgewerk und Gewerk der entsprechenden Baukostentabelle.

Bei der Aufstellung des Kostenplans gehen Sie nun ganz schematisch vor. Zu jedem Gewerk können beliebig viele Positionen angelegt werden. Ob Sie Lohn- und Materialpositionen separat ansetzen oder zu einem Komplettpreis zusammenfassen, ob Sie kostenmäßig gleichwertige, unterschiedliche Materialqualitäten zusammenfassen (z. B. rote und blaue Fliesen zu 13 €/m^2) oder einzeln aufführen, bleibt Ihnen überlassen.

KOSTENPLANUNG

Sie müssen unbedingt darauf achten, dass den angesetzten Plankosten-Positionen später auch entsprechende Zahlungsbelege gegenübergestellt werden können. Bei Materialeinkäufen ist das unproblematisch. In Handwerker-Rechnungen werden die Lohnkosten jedoch zumeist als separater, von den Materiallieferungen getrennter Posten ausgewiesen. Es ist möglich und sogar erwünscht, den ersten, auf Basis der Baukostentabellen erstellten Kostenplan nachträglich in einzelnen Positionen dem Aufbau vorliegender, konkreter Angebote anzupassen. Verwenden Sie für das Kostenmanagement eine einheitliche Preisbasis (alle Preise inklusive Mehrwertsteuer).

Jede Zeile im Kostenplan benötigt folgende Angaben:
- Laufende Nummer der Position im Kostenplan-Gewerk
- Genaue Bezeichnung der Position
- Mengenwert (Bauzahl oder individuell ermittelte Stückzahl)
- Zum Mengenwert gehörige Einheit
- Baupreis z. B. aus Baukostentabelle
- Plankosten-Wert (Mengenwert x Baupreis)

Besitzt die ausgewählte Position eine Bauzahl, entnehmen Sie einfach den entsprechenden Wert aus der Bauzahlentabelle bzw. aus den mit Hilfe des Raumbuchs zusammengefassten Materiallisten. Ist keine Bauzahl angegeben, sondern eine Einheit (Stück, m^2, m^3), muss die benötigte Bedarfsmenge anhand der Planungsunterlagen abgezählt bzw. berechnet werden.

Ein Beispiel hierfür sind die Mauerwerkskosten der Gewerke 3.2 und 3.3. Das Außenwandmauerwerk wird über den Kubikmeterverbrauch berechnet. Hierzu addieren Sie die aus dem Plan entnehmbaren Längen der betreffenden Wände. Multipliziert mit der Höhe der Wände und der Wanddicke ergeben sich die benötigten Kubikmeter.

> **Beispiel**
> Achten Sie darauf, dass die Einheit eines aus den Baukostentabellen entnommenen Baupreises mit der Einheit des ermittelten Mengenwerts übereinstimmt. So wäre es ein fataler Fehler, wenn Sie für eine ermittelte Mauerwerksfläche von 125 m^2 im Kellergeschoss versehentlich einen Baupreis von 215 € ansetzten, der sich ja auf einen Kubikmeter Mauerwerk bezieht. Bei einer Wandstärke von beispielsweise 36,5 cm ergeben 125 m^2 Wandfläche nur 45,6 m^3 Mauerwerksvolumen. Die falsch berechneten Plankosten wären hier also etwa dreifach überhöht.

Wenn Sie die erforderlichen Positionen auf einem Kostenplanbogen fertig aufgestellt haben, addieren Sie die einzelnen Plankostenwerte und tragen das Resultat als Summe ein.

Zahlungsbelege gegenüberstellen

KOSTENKONTROLLE

Kostenkontrolle

Der entscheidende Vorgang zur Einhaltung des vorgesehenen Baukostenbudgets ist die ständig aktualisierte Kostenkontrolle. Der aufgestellte Kostenplan, der alle Gewerke mit detaillierten Plankosten umfasst, bietet die besten Voraussetzungen für eine effektive Kostenkontrolle.

Verbuchen der Istkosten

Im Prinzip ist der Vorgang der Kostenkontrolle schnell beschrieben. Alle tatsächlich entstandenen Kosten – die sogenannten Istkosten – werden den entsprechenden Planwerten in unserem Kostenplan (siehe Anhang) gegenübergestellt. Der Istkosten-Betrag wird einfach in die entsprechende Spalte eingetragen. Für die berechnete Differenz (Plankosten – Istkosten) ist ebenfalls eine Spalte vorhanden. Ist der aktuelle Differenzwert negativ, dann schreiben Sie den Zahlenwert am besten rot.

Führen von Kostenblättern

Nicht jeder Zahlungsbeleg kann eindeutig einer Kostenplanposition zugeordnet werden. Viele Belege (z. B. die Kassenbons der Baumärkte) umfassen eine ganze Reihe von Einzelbeträgen, die verschiedenen Kostenplanpositionen zuzuordnen sind. So können bei einem Baumarktbesuch gleichzeitig Fliesen, Tapeten und Werkzeuge eingekauft werden. Um Verzerrungen innerhalb des Kostengefüges zu vermeiden, könnte man nun auf dem Beleg Hilfseintragungen vornehmen. Das wird auf kleinen Kassenbons aber sehr schnell unübersichtlich.

Ungenauigkeiten vermeiden

Hier hat sich die Führung von Kostenblättern bewährt. Eine Kopiervorlage finden Sie im Anhang. Zu jedem Kostenplanbogen wird mindestens ein Kostenblatt angelegt, bei Bedarf auch mehrere. In dieses Kostenblatt werden nur die Belegpositionen eingetragen, die auch zu dem betreffenden Gewerk gehören. Die Bezeichnung und das Datum des Originalbelegs müssen natürlich mit aufgenommen werden, damit eine Zuordnung auch nachträglich noch möglich ist.

Es ist zweckmäßig, die Einträge zu verschiedenen Kostenplanzeilen etwas einzurücken oder auf separaten Kostenblättern zu erfassen, damit die Addition der Istkosten für den Kostenplan erleichtert wird und keine Verwechslungen stattfinden. Die Summierung in der untersten Zeile stellt den aktuellen Kostenstand des jeweiligen Gewerks dar.

KOSTENKONTROLLE

Praxistipp

Es ist von entscheidender Bedeutung, dass die tatsächlich entstandenen Kosten den geplanten Kosten so früh wie möglich gegenübergestellt werden. Je früher Kostenüberschreitungen erkannt werden, umso besser sind Ihre Aussichten für die erfolgreiche Umsetzung kostendämpfender Maßnahmen.

Da die Abrechnung eines Handwerkerauftrags vier bis sechs Wochen dauern kann (Aufmaß, Schlussrechnung, Prüfung der Schlussrechnung), ist es nicht vertretbar, ausschließlich die Belege über erfolgte Zahlungen als Istkosten zu betrachten und dem laufenden Kostenvergleich zuzuführen. Damit würde wertvolle Zeit verschenkt und Ihre tatsächliche finanzielle Belastung verfälscht. Vielmehr tragen Sie alle im Folgenden aufgelisteten Belegarten in den Kostenplan ein, die vorläufigen Belege in Klammern gesetzt:

Am besten einen festen Zeitpunkt für die Verbuchung der Istkosten festlegen

- Vorliegende Zahlungsbelege (endgültig)
- Erteilte Festpreisaufträge (endgültig)
- Verbindliche Angebote zum Festpreis (vorläufig)
- Erteilte Aufmaßaufträge mit vorläufig ermitteltem Mengengerüst (vorläufig)
- Verbindliche Angebote auf Basis eines Vertrags (vorläufig)
- Listenpreise oder Lieferangebote für Materialien (vorläufig)
- Beauftragte Regiearbeiten mit fundierter Abschätzung des Stundenaufkommens (vorläufig)

Naturgemäß werden die Plankosten nicht auf den Punkt genau eingehalten, sondern es gibt immer mehr oder weniger große Abweichungen zwischen Plan- und Istkosten. Das hat im Einzelfall folgende Auswirkungen:

Die Plankosten wurden unterschritten.

Gratulation – es wurden Kosten gegenüber dem Budget eingespart. Prüfen Sie, ob das betreffende Gewerk auch wirklich vollständig erledigt ist! In diesem Fall würden sich die voraussichtlichen Gesamtkosten um diesen Betrag reduzieren. Die eingesparte Differenz kann als Kostenplanreserve natürlich auch eingesetzt werden, um auftretende Kostenüberschreitungen an anderen Stellen des Kostenplans zu kompensieren.

Unterschreitung der Plankosten

Die Plankosten wurden überschritten.

Vorsicht: Wenn jetzt keine weiteren Maßnahmen ergriffen werden, kann sich das Gesamtprojekt verteuern. Wollen Sie das vermeiden, müssen Sie so früh wie möglich kostendämpfende Maßnahmen einleiten.

Überschreitung der Plankosten

KOSTENEINSPARUNG

Kosten sparen

Freisetzen von Kostenplanreserven

In jedem Kostenplan gibt es Positionen, die scharf kalkuliert sind. Ebenso finden sich Positionen, die weniger eng bemessen sind. Sie können also gezielt versuchen, die Positionen, die aufgrund von Unsicherheiten bei der Aufstellung des Kostenplans mit Sicherheitszuschlägen versehen wurden, durch Einholung konkreter Angebote schärfer zu fassen und damit versteckte Kalkulationsreserven freizusetzen.

Vorsicht bei Sonderangeboten

Der Einsatz von Materialsonderangeboten kann oft zu entscheidenden Kostenreduzierungen in einzelnen Gewerken beitragen. Hierbei müssen Sie allerdings vorsichtig sein und möglichst reduzierte Markenqualitäten beim Einkauf bevorzugen. Die Gefahr, mit Sonderangeboten minderwertiges oder fehlerhaftes Material zu erstehen, darf nicht unterschätzt werden. Durch den erforderlich werdenden Austausch bereits eingebauter Gegenstände kann dann sehr viel Geld verloren gehen; schließlich müssen die Materialkosten und die Lohnkosten zweimal getragen werden. Grundsätzlich gilt: Es hat wenig Sinn, plötzlich aufgetretene Kostenverteuerungen mit einer radikalen Sparaktion in ein oder zwei anderen Gewerken ausgleichen zu wollen. Der hier beschriebene Weg muss vielmehr ein stetiger Prozess bei der Aktualisierung der Kostenplanung sein. Durch Überprüfung einzelner Positionen sind im Einzelfall nur relativ geringe Beträge einzusparen, wenn die grundsätzliche Ausführungsqualität beibehalten werden soll.

Reduzierung der Ausführungsqualität

Aber bitte mit Augenmaß

Auch durch den Ersatz einer eingeplanten hochwertigen Qualität durch eine kostengünstigere können Sie Kosten sparen. Diesen Entschluss werden Sie im Allgemeinen nur dann treffen, wenn erhebliche Kostenüberschreitungen diesen radikalen Schritt erfordern. Zu beachten ist, dass den eingesparten Kosten am Ende damit auch ein geringerer Wert des fertigen Objekts gegenübersteht. Möglichkeiten für diese Einsparungen gibt es vor allem im Bereich des Innenausbaus reichlich. Das heißt für Sie: Diese Maßnahme bietet sich als der letzte Rettungsanker bei aufgetretenen gravierenden Kostenüberschreitungen an.

Qualitätsstandard

Zum geringeren Endwert eines Neubaus bei einer zwischenzeitlichen Herabsetzung des Qualitätsstandards in Ausstattungsdetails ist Folgendes anzumerken: Gemessen am erzielbaren Verkaufserlös der Immobilie ist das Haus nur dann weniger wert,

wenn die gute Gebrauchsqualität in eine minderwertige Ausführung herabgestuft wurde. Der Ersatz besonders teurer Ausstattungen durch sehr gute und gute Gebrauchsqualitäten geht nicht unbedingt mit einem proportionalen Wertverlust der fertigen Immobilie einher. Die meisten Immobilienkäufer sind ohnehin nicht bereit, eingebaute Extraausstattungen mit dem Preis zu honorieren, der ursprünglich vom Bauherrn dafür bezahlt wurde.

Durchführung zusätzlicher Eigenleistungen

Eine weitere effektive Einsparungsmöglichkeit besteht darin, Arbeiten in Eigenleistung zu erbringen. Die klassischen Eigenleistungen Tapezieren, Anstreichen, Fliesenlegen und Einbau von Holzverkleidungen könnten nun in Angriff genommen werden, wenn sie nicht bereits von vornherein als Eigenleistungen vorgesehen waren. Der besondere Vorteil dieser Gewerke liegt darin, dass die Arbeiten erst gegen Ende der Maßnahme anstehen und somit für die Kompensation aufgetretener Verteuerungen bestens geeignet sind. Da die Ausbaugewerke durchweg recht lohnintensiv sind, lassen sich bei ihrer Durchführung in Eigenleistung erhebliche Beträge einsparen.
Mit Hilfe Ihres Kostenplans können Sie die Einsparungsmöglichkeiten bei Ersatz von Handwerker-Lohnkosten sehr leicht ermitteln. Besonders empfehlenswert sind dafür solche Arbeiten, die nicht durch sich anschließende Folgegewerke unter starkem Termindruck stehen.

Verteuerungen kompensieren

Zurückstellung von Arbeiten

Schon bei der Aufstellung des Kostenplans sollten Sie Überlegungen anstellen, ob bestimmte Arbeiten beim Auftreten von finanziellen Engpässen zurückgestellt werden können. Diese Arbeiten können dann, unter vielleicht verbesserten finanziellen Rahmenbedingungen, zu einem späteren Zeitpunkt durchgeführt werden. Auf diese Weise können die Baukosten, die unmittelbar in die laufende Belastung eingehen, verringert werden.

> **Praxistipp**
> Werden diese Überlegungen sozusagen vorsorglich angestellt, kommt nicht so leicht Hektik auf, wenn im Ernstfall schnelle Entscheidungen gefordert sind. Legen Sie sich also rechtzeitig Ihre individuelle Einsparstrategie zurecht. Machen Sie sich entsprechende Notizen im Kostenplan.

KOSTENEINSPARUNG

*Ausbauarbeiten
zurückstellen*

Folgende Voraussetzungen sollten Sie bei der Zurückstellung von Arbeiten aber unbedingt beachten!

Alle Installationsarbeiten, zumindest die unter Putz zu verlegende Rohinstallation, müssen auf jeden Fall komplett fertig gestellt werden. Nachträgliche Stemmarbeiten sind sehr mühsam und kostenintensiv. Putz- und Estricharbeiten müssen für das ganze Haus fertig gestellt werden. Diese Gewerke verursachen einen ganz erheblichen Schmutzanfall. Alle Abdichtungs- und Isolierungsarbeiten müssen komplett ausgeführt sein, damit Undichtigkeiten gegen Nässe, Kälte und Zugluft sicher auszuschließen sind. Die Zurückstellung von Ausbauarbeiten sollte man immer auf abgeschlossene Räumlichkeiten beschränken, wollen Sie sich das Wohnerlebnis im neuen Haus nicht verderben. Die Strategie besteht darin, die zunächst entfallenden Kosten einzusparen, um die Arbeiten im Lauf der folgenden Jahre ohne die Schuldenbelastung zu steigern und aus dem laufenden Einkommen in kleinen Schritten zu finanzieren.

Beispiele für die sinnvolle Zurückstellung von Arbeiten:
- Der heutzutage fast obligatorische Partykeller oder Hobbyraum wird erst später in Angriff genommen. Vorerst reicht vielleicht ein Provisorium. Die verputzten Wände werden mit Binderfarbe gestrichen. Einfache Regale stellen die erste Gebrauchsfähigkeit her.
- Das für den zukünftig geplanten Nachwuchs vorgesehene Kinderzimmer muss vielleicht noch nicht sofort und komplett fertig gestellt werden. Ein provisorisch hergerichteter Raum kann zwischenzeitlich auch anderweitig sinnvoll genutzt werden.
- Sollten Sie vorhaben, ein Gästezimmer mit zugeordnetem Bad einzurichten, lässt sich die Fertigstellung vielleicht auf spätere Jahre hinausschieben. Wenn Sie die oben angeführten Hinweise berücksichtigen, können Sanitärobjekte, Fliesenbeläge, Teppichböden, Tapeten und Vorhänge für die erste Zeit eingespart werden. Hier sammeln sich leicht 2500 € und mehr an, die einen Finanzierungsengpass überwinden helfen.
- Die Garage gehört zu den Teilen eines Hauses, die problemlos nachträglich errichtet werden können. Wenn der durch die Bauarbeiten zumeist ohnehin stark in Mitleidenschaft gezogene PKW immer im Freien abgestellt wurde, wird er das auch noch ein paar Jahre länger können.
- Die Anlage des fertigen Gartens kann man zumeist auf einen späteren Zeitpunkt verschieben. In den ersten Jahren tut es vielleicht auch eine durchgehende Rasenfläche ohne teure exotische Bepflanzung.

KOSTENEINSPARUNG

Auf den letzten Seiten wurden allgemeine Ansätze zum »Kosten sparen« vorgestellt. Die Baukosten können gesenkt werden, indem

- versteckte Kostenplanungsreserven freigesetzt
- die Ausführungsqualität reduziert
- zusätzliche Eigenleistungen durchgeführt oder
- einzelne Arbeitspakete auf einen späteren Zeitpunkt verschoben werden.

Diese aktiven Eingriffe in das laufende Bauprojekt können – rechtzeitig angewendet – gravierende Einspareffekte bewirken. Die kostenoptimierte Erstellung eines Hauses sollte aber auch auf andere Weise ansetzen.

Ein nachhaltiges Kostenmanagement sollte sicherstellen, dass die Gesamtkosten des Hauses über den gesamten Lebenszyklus möglichst niedrig sind. So besteht ein Bauprojekt nicht nur aus den Erstellungskosten. Ein Neubau kann im Nachhinein durchaus unterschiedliche Betriebskosten (Energieverbrauch, Instandhaltung, Erneuerungszyklen) verursachen, die sich besonders gravierend auswirken, weil die erhöhten Kosten Jahr für Jahr neu entstehen. Im Zuge der Planung können durch entsprechende Überlegungen die Weichen sofort richtig gestellt werden.
Auf der anderen Seite entstehen durch fehlerhafte oder unvollständige Leistungen eines Bauunternehmers oftmals Baumängel, die wegen unzureichender Kontrollen bei Ausführung und Abnahme nicht erkannt werden und machmal erst nach Jahren zu Tage treten. Besteht gegenüber dem Unternehmer kein Beseitigungsanspruch mehr, bleibt der Bauherr auf den Mangelbeseitigungskosten sitzen. Wer aufmerksam alle Arbeiten verfolgt und unter Zuhilfenahme von Fachleuten kontrolliert, kann sich viel Ärger ersparen.
Sie werden sagen, dafür habe ich doch meinen Architekten! Richtig – ein guter Architekt wird all diese Überlegungen anstellen, Kontrollen gewissenhaft durchführen und damit Schäden von vorneherein vermeiden. Wenn Sie allerdings das Pech haben sollten, an elnen wenlger zuverlässigen Architekten geraten zu sein, werden Sie froh sein, sich selbst ein wenig helfen zu können.
Aus diesem Grund finden Sie auf den nächsten Seiten mehrere Checklisten, die Ihnen, beginnend bei der Vorplanung, zahlreiche Hinweise und Tipps geben sollen. Hierdurch kann vielleicht der eine oder andere Planungsfehler und Baumangel vermieden werden. Es kann auf keinen Fall schaden, die Checklisten mit dem Architekten durchzusprechen und später im Zuge der Bauausführung Punkt für Punkt zu kontrollieren.

Vermeiden von Mängelbeseitigungskosten

61

KOSTENEINSPARUNG

Notizen

Optimierung der Planung besitzt das größte Einsparpotenzial

Checkliste

PLANUNG

1. Optimieren Sie die Ausrichtung Ihres Hauses zu den Ver- und Entsorgungssystemen und zur Sonne. Damit können die Anschlusskosten für Gas, Strom und Kanal minimiert und der spätere Energieverbrauch gesenkt werden.

2. Bauen Sie ein zu vermietendes Objekt, sollten Sie die Möglichkeiten des Grundstücks voll ausnutzen. Damit senken Sie den spezifischen Anteil der Grundstückskosten an jedem vermietbaren Quadratmeter Wohnfläche.

3. Beziehen Sie das vorhandene Mobiliar in die Grundrissplanungen ein. Wenn Sie noch sehr viele neue Möbel für Ihr neues Heim anschaffen müssen, steigert das zusätzlich die Kostenbelastung.

4. Stellen Sie eine funktionelle Raumbedarfsplanung auf. Minimieren Sie den Flächenbedarf. Oft wird das meist knapp bemessene Geld verschwendet, indem unnötig zu groß gebaut wird.

5. Lassen Sie eine Baugrunduntersuchung durchführen. Werden eventuell vorhandene Probleme mit verminderter Tragfähigkeit oder drückendem Wasser zu spät erkannt, kostet das sehr viel Geld und wirft Ihre Termine über den Haufen.

6. Bauen Sie ein Reihen- oder Doppelhaus, kooperieren Sie mit Ihren Nachbarn. Das spart beim gebündelten Materialeinkauf manchen Tausender und ist gut für das spätere Zusammenwohnen.

7. Planen Sie Wohnräume im Kellergeschoss, sollten Sie darauf achten, dass die Genehmigungsvoraussetzungen beachtet werden. Sonst gibt es später vielleicht Probleme mit der Zulassung der Kellerräume als Wohnraum.

8. Sehen Sie für alle Wohnräume ausreichend große Fensteröffnungen vor, zumeist werden mindestens 8 % der Bodenfläche gefordert. Dies ist detailliert in den jeweiligen Landesbauordnungen geregelt.

KOSTENEINSPARUNG

Checkliste

9. Optimieren Sie die Statik Ihres Gebäudes. Bei mehrschaligem Wandaufbau reicht oft eine 11,5 cm dicke tragende Wand aus Kalksandstein statt der immer noch gebauten 24 cm Wanddicke. Das spart Materialkosten und Sie gewinnen zusätzliche Wohnfläche. Fragen Sie dazu Ihren Statiker.

10. Bauen Sie ein Doppel- oder Reihenhaus, müssen Sie eine konsequente Trennfuge zwischen den Hauskörpern vom Fundament bis zum Dachfirst einplanen. Nur so können Sie spätere Schallübertragungsprobleme sicher vermeiden.

BAUPLATZVORBEREITUNG

1. Prüfen Sie zusammen mit Ihrem Architekten alle von der Baubehörde gemachten Genehmigungsauflagen. Die Einhaltung aller Auflagen wird mit großer Wahrscheinlichkeit von der Behörde bei der Rohbau- und Fertigabnahme überprüft.

2. Geben Sie die Baugenehmigung auch an Ihren Bauunternehmer weiter. Verpflichten Sie Ihren Bauunternehmer zur Einhaltung aller Auflagen der Baugenehmigung.

3. Installieren Sie keinen Bauwasseranschluss, sondern lassen Sie sofort nach Fertigstellung des Kellers den Hauswasseranschluss verlegen. Bis dahin unterstützt Sie vielleicht ein freundlicher Nachbar mit Hilfe eines Gartenschlauchs.

4. Ein Baustromanschluss muss rechtzeitig beim örtlichen Energieversorgungsunternehmen beantragt werden. Versäumen Sie dies nicht, sonst geht wertvolle Arbeitszeit verloren. Den Baustromverteiler müssen Sie selbst organisieren. In der Regel kümmert sich aber der Bauunternehmer darum.

5. Schließen Sie die erforderlichen Bauversicherungen ab. Eine Bauleistungsversicherung versichert Schäden an Ihrem Eigentum, eine Bauherrenhaftpflichtversicherung haftet für Schäden, die unbeteiligte Dritte durch Ihre Bautätigkeit erleiden.

6. Wenn Sie frühzeitig eine neue Gebäudeversicherung abschließen, ist oft als Zugabe eine vorlaufende kostenlose Versicherung des Rohbaus mit eingeschlossen.

Notizen

KOSTENEINSPARUNG

Checkliste

ROHBAUARBEITEN

1. Heben Sie das Kellergeschoss so hoch wie zulässig über die Erdoberfläche heraus. Das spart mehrfach Geld: Die Baugrube wird weniger tief, der geringere anzusetzende Erddruck reduziert die Mauerwerksdicke, die abzudichtenden Flächen werden geringer, die Belichtungsverhältnisse werden besser. Die geänderte Optik ist natürlich zu bedenken.

2. Legen Sie den Mauerwerksbaustoff unter Berücksichtigung der Material- und Verarbeitungskosten fest. Nicht immer ist der Baustoff mit dem niedrigsten Materialpreis auch der insgesamt günstigste.

3. Planen Sie einen mehrschaligen Wandaufbau mit getrennter Trag-, Dämm- und Wetterschutzschale, sollten Sie keinen teuren, hochwärmegedämmten Stein für das tragende Mauerwerk verwenden. Eine um 2 cm dickere Isolierschicht hat zumeist einen besseren, weil erheblich preisgünstigeren Effekt.

4. Achten Sie darauf, dass auskragende Elemente (z. B. Balkone) vorschriftsmäßig gedämmt werden. Wird hier schlecht gearbeitet, entstehen Kältebrücken und nachfolgend Feuchtigkeitsschäden.

5. Planen Sie die Schlitze für die Hauptinstallationen vor und lassen Sie diese direkt beim Mauern einbringen. So sparen Sie die Kosten für das nachträgliche Stemmen der Schlitze.

6. Wurden die Wandstärken statisch minimiert, z. B. durch Einsatz einer 11,5 cm dicken Kalksandsteinwand, vermeiden Sie unbedingt waagerechte Installationsschlitze.

7. Lassen Sie Ihren Statiker die Baugrubensohle inspizieren. Gibt es Unregelmäßigkeiten im Untergrund, kann man immer noch die Planung modifizieren, zusätzliche Bewehrungen einbringen usw. Wurden erst einmal die Fundamente erstellt, kann nichts mehr geändert werden.

8. Nach dem Gießen der Bodenplatte müssen alle provisorischen Verschlüsse in den Grundleitungen sauber entfernt werden. Verbleiben hier Reste, kann es später zu Entwässerungsproblemen kommen.

KOSTENEINSPARUNG

Checkliste

9. Denken Sie daran, dass ein Ring-Erdungseisen in das Fundament eingegossen werden muss.

10. Muss der Kellerboden isoliert werden? Prüfen Sie, was der Wärmeschutznachweis für Ihr Haus diesbezüglich verlangt!

11. Verblendschalen müssen durch mindestens fünf Edelstahlanker pro Quadratmeter mit dem tragenden Mauerwerk verbunden werden. Kontrollieren Sie das rechtzeitig.

DACHARBEITEN

1. Wählen Sie den Grad der Dachneigung so, dass der Dachboden später mit ausreichender »Kopffreiheit« ausbaubar ist. Hier geht es oft nur um eine 1° oder 2° steilere Neigung. Diese Maßnahme kostet nur verhältnismäßig wenig Geld und sichert Ihnen wertvolle Ausbaureserven.

2. Wählen Sie zusammen mit Ihrem Architekten eine geeignete Dachstuhlkonstruktion. Durch eine freitragende Konstruktion (z. B. Kehlbalkendach) sind Sie unabhängig von tragenden Innenwänden oder Dachstuhlpfosten. Dann sind großzügige, flexible Grundrisslösungen möglich.

3. Beachten Sie bei der Wahl der Dachisolierung: Die Dämmung zwischen den Sparren ist zwar preiswerter, ermöglicht aber kein sichtbares Dachtragwerk im Innenraum.

4. Prüfen Sie, ob die vom Zimmermann eingebauten Konstruktionshölzer die vorgeschriebenen Querschnitte aufweisen.

5. Lassen Sie Ihren Statiker die Dachstuhlarbeiten vor dem Beginn der Dachdeckerarbeiten abnehmen.

6. Prüfen Sie, ob die Dachdämmung in der vorgeschriebenen Dicke und in der vorgeschriebenen Wärmeleitfähigkeitsklasse eingebaut wurde. Zwischen 035er- und 040er-Dämmfilz besteht ein großer Kostenunterschied.

Notizen

KOSTENEINSPARUNG

Notizen

Checkliste

HEIZUNGSINSTALLATION

1. Vermeiden Sie bei der Planung Ihrer Heizungsinstallation unbedingt Heizkörpernischen! Sie schwächen die Wärmedämmwirkung Ihrer Außenwand gerade an einer Stelle, wo große Wärmeverluste und damit hohe Heizkosten vorprogrammiert sind. Die heutigen flachen Konvektoren brauchen keine Nischen mehr.

2. Lassen Sie für jeden Einzelraum eine detaillierte Wärmebedarfsberechnung aufstellen. Danach sollten dann die Heizkörper dimensioniert und bestellt werden. Mit dem überschlägigen Abschätzen nach der Raumgröße kann man öfter danebenliegen, und der Energieverbrauch liegt zu hoch.

3. Lassen Sie unbedingt einen Fußbodenheizungs-Verlegeplan erstellen.

4. Um Energie zu sparen, sollten Sie eine Einzelraumregulierung für die Fußbodenheizung installieren lassen. So können Sie Ihren Energiebedarf besser regulieren.

5. Prüfen Sie die Kosten, bevor Sie eine zentrale Warmwasserbereitung installieren. Eine dezentrale Warmwasserbereitung über Durchlauferhitzer und Warmwasserboiler ist normalerweise, über alle Kostenarten gerechnet, billiger.

6. Stellen Sie Ihren Heizkessel auf einen schallisolierten Sockel. Gegenüber den lieferbaren Fertigsockeln lohnt sich die konventionelle Herstellung aus schwimmendem Beton normalerweise nicht.

7. Verwenden Sie nur gestempeltes DIN-Kupferrohr. Das ist zumindest eine Vorbeugungsmaßnahme, um spätere Lochfraßschäden zu vermeiden.

8. Bestehen Sie auf einer Druckprobe des fertig verlegten Heizungsrohrleitungssystems über mindestens drei Tage, bevor Schlitze geschlossen werden oder ein rohrüberdeckender Estrich aufgebracht wird.

KOSTENEINSPARUNG

Checkliste

SANITÄRINSTALLATION

1. Wenn Sie Marken-Sanitärartikel beim Fachhandel kaufen, verhandeln Sie über den Kaufpreis. In diesem Bereich sind hohe Rabatte üblich.

2. Prüfen Sie, ob alle Dusch- und Badewannen fachgerecht mit der Hauserdung verbunden wurden.

3. Achten Sie auf Revisionsöffnungen im Bereich der Wannenabläufe, um im Fall von Problemen an die Rohranschlüsse gelangen zu können. Das spart Zeit und Kosten bei einer Reparatur.

4. Erwägen Sie in den Sanitärräumen eine Vorwandinstallation. Die Verlegung ist weniger kostenaufwendig, da die Leitungen nicht in Schlitzen zu verlegen sind. Auf diese Weise entstehen zudem praktische Ablagen, wenn die Ständerkonstruktion auf einer dazu passenden Höhe angebracht wird.

5. Fotografieren Sie alle Wandabschnitte mit verlegten Leitungen vor dem Schließen der Schlitze. Späteres Suchen nach der genauen Lage von Leitungen gestaltet sich mit diesen Fotos erheblich einfacher.

ELEKTROINSTALLATION

1. Haben Sie bereits einen Elektroinstallateur beauftragt, stellt dieser vielleicht kostenlos einen Baustromverteiler.

2. Die Zählerstandorte müssen für Ablese- und Austauschzwecke gut zugänglich sein.

3. Als Basis für den Installationsauftrag sollten Sie einen Installationsplan aufstellen, der genau festlegt, an welcher Stelle wie viele Schalter, Steckdosen und Stromauslässe vorzusehen sind. Vereinbaren Sie pauschale Einzelpreise für hinzukommende oder entfallende Installationselemente, inklusive aller Nebenkosten. Ohne diesen Plan ist Streit darüber, was unter einer angemessenen Installation zu verstehen ist, vorprogrammiert.

KOSTENEINSPARUNG

Notizen

Checkliste

4. Lassen Sie ein umlaufendes Erdungseisen in das Fundament einlegen und im Anschlussraum aus der Bodenplatte herausführen.

5. Unterputz-Elektroleitungen sollten, um später leichter auffindbar zu sein, ausschließlich vollkommen senkrecht oder waagerecht verlegt werden.

6. Vor dem Verschließen der Wandschlitze sollten Sie alle Wände detailliert fotografieren.

7. Kontrollieren Sie, ob alle beauftragten Elektroauslässe auch tatsächlich vom Installateur eingebaut wurden.

8. Das Gewerk Elektroinstallation müssen Sie dem Fachmann überlassen. Auch wenn man durch Eigenleistung viel Geld sparen kann – das Risiko ist gerade für Laien zu hoch.

VER- UND ENTSORGUNGSANSCHLÜSSE

1. Die Erdarbeiten für die Hausanschlüsse sollten koordiniert werden, damit Sie die teuren Handschachtungsarbeiten nicht mehrmals bezahlen müssen. Verhandeln Sie mit den beauftragten Stellen (Gas-Versorger, EVU), dass dies auch wirklich geschieht und entsprechende Preisnachlässe für eingesparte Erdarbeiten von den Anschlusskosten abgezogen werden.

2. Bestehen Sie möglichst auf einer Abnahme der verlegten Anschlüsse durch betroffene Unternehmen und die Baubehörde, damit Probleme noch vor dem Verfüllen erkannt werden.

PUTZ- UND ESTRICHARBEITEN

1. Vor dem Verputzen der Wände sollten Sie die Installationsbereiche fotografieren oder zeichnerisch festhalten.

2. Überlegen Sie, ob Sie konventionell verputzen lassen möchten. Wollen Sie viel Eigenleistung erbringen, ist Trockenbau mit Gipskarton günstiger. Dies gilt insbesondere dann, wenn auch Trenn- und Installationswände in Trockenbauweise erstellt werden.

KOSTENEINSPARUNG

Checkliste

3. Beachten Sie, dass zu verfliesende Wandflächen für die Fliesenverlegung im Dünnbett verputzt, aber nicht abgerieben werden sollten.

4. Bedenken Sie bei der Wahl des Unterbodens auch zeitliche Aspekte. Zementestrich benötigt drei Tage Aushärtezeit, Heißasphalt kann schon am nächsten Tag begangen werden, so sparen Sie Zeit bei den weiteren Ausbauarbeiten.

5. Lassen Sie den Estrich unbedingt erst nach dem Fenstereinbau einbringen. So werden Risse durch zu schnelles Trocknen in Zugluft verhindert.

6. Wasser- und Heizungsleitungen, die unter Putz oder im Estrich verlegt werden, müssen durchgehend mit einem mörteldichten Isolierschlauch isoliert werden.

7. Alle Putzkanten sind mit Kantenschutzleisten zu versehen.

8. Der Estrich muss von den umfassenden Wänden mit einem Isolier-Randstreifen getrennt werden. Der Randstreifen muss tief genug angesetzt werden, damit unterhalb des Streifens keine Trittschallübertragung stattfinden kann.

ABDICHTEN, DÄMMEN UND ISOLIEREN

1. Wichtig! Die aktuelle Energiesparverordnung gilt für jeden Neubau. Das Niedrig-Energie-Haus wird zum Standard. Nicht nur die Gebäudeteile und der benötigte Energieverbrauch wird betrachtet, sondern auch die Energie-Effizienz. Wie effizient sind eingebaute Haustechnik und die Gewinnung der eingesetzten Energieform? Jedes Haus benötigt einen »Energiepass« als Gütesiegel für sparsamen Energieverbrauch und Umweltverträglichkeit.

2. Es ist frühzeitig festzulegen, welche Art von Dachdämmung ausgeführt werden soll. Die Entscheidung für Zwischen- oder Aufsparrendämmung muss schon bei der Rohbauplanung bzw. Statik berücksichtigt werden.

KOSTENEINSPARUNG

Notizen

Checkliste

3. Die horizontalen Dichtungslagen im Kellermauerwerk dürfen nicht vergessen werden.

4. Auskragende Geschossdecken (Balkone, Vordächer) müssen fachgerecht isoliert werden, soll es nicht zu Kältebrücken und damit zu Feuchtigkeitsschäden kommen.

5. Die Isolierung von Rollladenkästen lässt oft zu wünschen übrig. Das komplette Gehäuse des Kastens muss lückenlos fachgerecht isoliert werden.

6. Wasser führende Rohrleitungen sind allseitig und möglichst einzeln zu isolieren. Die Isolierung eines Wandschlitzes mit Heizungsrohrleitungen nur zur Raumseite hin ist nicht ausreichend, da über den geschwächten Wandquerschnitt gerade nach außen große Wärmeverluste eintreten.

7. Rohrleitungen sollten nur mit gummiausgekleideten Halterungen befestigt werden, so kann die Körperschallübertragung der Fließgeräusche vermieden werden.

8. Heizungs- und Abwasserleitungen in Schlafraumwänden sind möglichst zu vermeiden, da Wassergeräusche in den Rohrleitungen hier besonders störend sind.

9. Überprüfen Sie, ob der Wärmeschutznachweis eine Isolierung des Kellerbodens fordert.

10. Der üblicherweise aufgebrachte Bitumenanstrich des Kelleraußenmauerwerks muss vor dem Verfüllen der Arbeitsräume mechanisch gegen Beschädigung geschützt werden. Nur unversehrt kann der Bitumenanstrich das Kellermauerwerk ausreichend schützen.

11. Kontrollieren Sie, ob die Wärmedämmschichten in der tatsächlich angeforderten Dicke und Qualität geliefert und eingebaut wurden.

KOSTENEINSPARUNG

Checkliste

TÜREN, FENSTER, TREPPEN

1. Beachten Sie: Die für Wohnräume geforderten Mindestfensterflächen gemäß der jeweiligen Landesbauordnung müssen eingehalten werden.

2. Prüfen Sie, ob eine Massiv- oder Fertigtreppe eingebaut werden soll. Üblicherweise ist eine Fertigeinbautreppe in normaler Ausführung preiswerter als eine Massivtreppe.

3. Kontrollieren Sie, ob alle Türen die erforderlichen umlaufenden Dichtungen besitzen.

4. Alle Türen und Fenster müssen nach der Montage leicht, mit gleichmäßigem Dichtspalt schließen.

5. Beim Einschäumen von Fenstern und Innentüren muss auf den Einbau ausreichend stabiler Spreizen geachtet werden, damit keine Verformungen am Element durch den aushärtenden Montageschaum auftreten.

6. Prüfen Sie, ob tatsächlich alle Fensterscheiben die in Leistungsbeschreibung und Kostenplan vorgesehene Glasdicke haben.

7. Einschlüsse in Glasscheiben oder sonstige Fehler müssen sofort beim zuständigen Bauunternehmer bzw. Lieferanten reklamiert werden.

FLIESEN- UND STEINARBEITEN

1. Im Dünnbett zu verfliesende Wandflächen sind zu verputzen. Der Putz wird aber nicht abgerieben (gefilzt), sondern nach dem Glätten mit einer harten Bürste eher etwas angeraut.

2. Behandeln Sie Gipsputz vor dem Verkleben von Fliesen mit einem Tiefengrund, der die Saugfähigkeit der Putzfläche herabsetzt.

Notizen

KOSTENEINSPARUNG

Checkliste

3. Überlegen Sie vor dem Verfliesen einer Wand- oder Bodenfläche genau, wie die Muster verlaufen sollen. Vermeiden Sie schmale Ausgleichsstreifen in den Ecken; es ist besser, zwei Fliesenreihen etwas einzukürzen.

4. Im Bereich von Bade- und Duschwannen sollte unter dem Fliesenbelag eine Feuchtigkeitsabdichtung aufgebracht werden.

5. Verwenden Sie bei Eigenleistung nur hochwertigen Fliesenkleber. Es ist mehr als ärgerlich, wenn es wegen eines billigen, aber unzureichenden Klebers zum Ablösen des Fliesenbelags kommt.

TEPPICHE UND KUNSTSTOFFBÖDEN

1. Teppichböden sollten erst nach dem Abschluss der Tapezier- und Anstricharbeiten verlegt werden, um eine Verschmutzung oder Beschädigung des empfindlichen Bodenbelags durch andere Arbeiten und damit kostenintensive Reinigungs- oder Reparaturmaßnahmen zu vermeiden.

2. Für die Verlegung von Teppichböden ist ein Zementestrich meistens zu spachteln, da Unebenheiten bzw. Vertiefungen auch durch den Teppichboden hindurch noch sichtbar sind.

3. Benutzen Sie für die feste Verlegung von Teppichböden nur Wiederaufnahmekleber. Die hierfür zumeist erforderliche Grundierung sollte nicht vergessen werden.

AUSSENANLAGEN

1. Im Bereich verfüllter Arbeitsräume muss das eingebrachte Erdreich sehr sorgfältig verdichtet werden, sonst kann es möglicherweise zu kostenintensiven Setzungsschäden an den Außenanlagen (Wege, Terrassen) kommen.

2. Prüfen Sie, ob eine Massivgarage erforderlich ist oder ein Carport vielleicht schon ausreicht. Hier sind viele tausend Euro einzusparen.

Baukosten-Management mit dem PC

Kostenplanung und Kostenkontrolle sind effektive Betätigungsfelder für einen engagierten Bauherren. Dabei handelt es sich gewissermaßen um eine Eigenleistung mit einem sehr guten Aufwand-/Nutzen-Effekt. Das heißt, im Vergleich z. B. mit handwerklicher Eigenleistung, kann mit relativ wenig Zeiteinsatz viel Geld eingespart werden.

Die Durchführung Ihres Kostenmanagements kann mit dem Einsatz Ihres PCs noch erleichtert werden. Mit dem Wissen, das Sie sich durch dieses Buch erworben haben, werden Sie Ihre Kostenplanung und Kostenkontrolle auch am PC mit einer speziellen Baukosten-Software zusätzlich optimieren können.

Alle Daten werden nur einmal eingegeben und stehen damit für die unterschiedlichsten Berechnungen (z. B. für die Berechnung der Bauzahlen) bereit. So können Sie beispielsweise eine erste Überschlagskalkulation in kurzer Zeit und, wenn gewünscht, eine übersichtliche Detailkalkulation auf Basis der Baukostentabellen erstellen.

Alle Ausstattungen legen Sie komfortabel in einem elektronischen Raumbuch fest. Das Raumbuch erzeugt dann automatisch die erforderlichen Materiallisten für die Kostenplanung und die Materialbeschaffung.

> ### *Praxistipp*
> Detaillierte Informationen zur Software sowie weiterführende umfangreiche Informationen und geldwerte Tipps zum Thema Baukosten und Baukostenkontrolle finden Sie im Internet unter www.baukosten.com. Über diese Homepage können Sie auch Excel-Files für die komfortable Ausgabe aller Formulare dieses Buchs downloaden. Die Formulare können anschließend von Ihnen selbst nach eigenen Wünschen beliebig angepasst werden.

Stammdaten und Bauzahlen

aufgestellt am

Objekt	
Anschrift	
Bauherr	
Architekt	

Bauzahl	BZ	Wert	E	Bemerkung
Umbauter Rauminhalt Haus	UR		m^3	
Geschossfläche KG	GF1		m^2	
Geschossfläche EG	GF2		m^2	
Geschossfläche OG 1	GF3		m^2	
Geschossfläche OG 2	GF4		m^2	
Rauminhalt Dachkörper Haus	DR		m^3	
Dachfläche Haus	DF		m^2	
Fläche Fassadenausführung 1	FA1		m^2	
Fläche Fassadenausführung 2	FA2		m^2	
Fläche Fassadenausführung 3	FA3		m^2	
Fläche Fassadenausführung 4	FA4		m^2	
Umbauter Rauminhalt Garagen	URG		m^3	
Grundfläche Garagen	GFG		m^2	
Rauminhalt Dachkörper Garagen	DRG		m^3	
Dachfläche Garagen	DRF		m^2	
Fläche Terrassenbelag	FTB		m^2	
Fläche Zuwegung	FZW		m^2	
Länge Grundstückseinfriedung	LGE		m	
Angelegte Rasenfläche	FRA		m^2	
Ziergartenfläche Ausführung 1	FZ1		m^2	
Ziergartenfläche Ausführung 2	FZ2		m^2	
Länge der Straßenfront	LSF		m	
Entfernung Hauswand-Kanal	EHK		m	
Länge Dränageleitungen	LDR		m	
Abdichtungsfläche Kellergeschoss	FAD		m^2	
Baugrubenvolumen	VBG		m^3	

Raumbuch

Blatt-Nr.   aufgestellt am

Raumgruppe	
Raum	
Beschreibung	

	Bodenfläche	Deckenfläche	Wandfläche	Raumumfang
	FB =	**FD =**	**FI =**	**RU =**

Skizze Maßstab = 1:

	Art		Menge
Bodenbelag	1		
	2		
Wandbelag	1		
	2		
Deckenbelag	1		
	2		
Fenster	1		
	2		
Türen	1		
	2		
Heizung	1		
	2		
Sanitär	1		
	2		
Elektro	1		
	2		

Materialliste

aufgestellt am

Materialgruppe	
Materialqualität	
Beschreibung	

Kosten pro	Material	Lohn	Komplett

Raum-Nr.	Raum		Menge

Hilfsmaterial			
		Summe	
		Zuschlag %	
		Bestellmenge	

Kostenplan

aufgestellt am

Hauptgewerk												
Gewerk												
Pos.-Nr.	Bezeichnung	Menge	Einh.	PLAN	IST	DIFF	Datum					
			Summen									

Kostenblatt

aufgestellt am

Hauptgewerk	
Gewerk	

Beleg-Nr.	Bezeichnung	Netto	Brutto	Datum
	Summen			

Fachbegriffe von A–Z

Baukostentabelle
Die Baukostentabelle enthält zu allen Gewerken verschiedene Auswahlpositionen mit Kurzbeschreibung (mit Mengenangaben und –zuordnung) und Kostenangaben.

Bauleistungsbeschreibung
Detaillierte Beschreibung sämtlicher auszuführender Leistungen mit genauen Mengen- und Qualitätsangaben.

Bauzahlen
Die Bauzahlen stellen das Mengengerüst des Hauses dar. Sie beschreiben das Bauprojekt hinsichtlich Ausstattung und Umfang.

Dränage
Entwässerung nasser Bodenschichten durch Anordnung von Leitungen und/oder Gräben im Erdreich.

Eigenleistung
Um Kosten zu sparen, führen viele Bauherren einen Teil der beim Hausbau anfallenden Arbeiten selbst aus. Klassische Eigenleistungsgewerke sind z. B. Tapezieren, Maler- und Bodenbelagsarbeiten.

Erschließungskosten
Anteilige Kosten für Beschaffung und Ausbau der Verkehrsflächen, Grünflächen und öffentlichen Plätze einschließlich der Kosten für Herstellung der gemeinschaftlich genutzten technischen Anlagen wie z. B. Abwasserbeseitigung, Versorgung mit Wasser, Gas und Strom.

Gewerk
In sich geschlossener Abschnitt beim Hausbau (z.B. Mauerarbeiten, Erdarbeiten, Sanitärinstallation), der einzeln abgenommen werden kann.

Kostenblatt
Die für jedes Gewerk anfallenden Kosten werden mittels eines Kostenblatts überwacht. Alle tatsächlich entstandenen Kosten (Istkosten) werden detailliert aufgelistet und kontrolliert.

Kostenplan
Im Kostenplan sind die erwarteten bzw. eingeplanten Einzelkosten aller Gewerke aufgelistet. Die Kontrolle der Baukosten erfolgt auf der Basis des Kostenplans.

Raumblatt
Im Raumblatt werden alle kostenrelevanten Ausstattungsfestlegungen für jeden Einzelraum festgehalten.

Wärmebedarf
Bezeichnet die Energiemenge pro Stunde, die benötigt wird, um eine gewünschte Raumtemperatur bei bestimmter Außentemperatur unter Berücksichtigung des Wärmeverlustes aufrechtzuerhalten.

REGISTER

Stichwortverzeichnis